生物統計解析と実験計画

東京農業大学教授
藤 巻 宏

東 京
株式会社
養 賢 堂 発 行

はじめに

　生物の生育や生殖に関連する形質（形や性質）の多くは，微小な作用をもつ微働遺伝子（ポリジーン）に支配されており，連続的に変異する量的形質である．また，農業生産の上では，作物の収量，品質，環境耐性などの重要な特性の多くが量的形質であり，それらは，多数のポリジーンが多くの環境要因と複雑に働き合って発現する．このため，生物の進化や作物の改良の上で重要な量的形質の遺伝学的解析や分子生物学的な解明は，あまり進んでいない．

　そこで，農業上重要なポリジーン支配の量的形質の改良では，一般遺伝学や分子生物学の手法ではなく，集団遺伝学的あるいは統計遺伝学的な手法で，作物集団の遺伝変異の解析や選抜が行われる．したがって，作物育種には，統計学並びに統計遺伝学の知見と技術が不可欠である．

　ところで，一般的な生物実験において，遺伝的に均質な材料を注意深く管理した環境で育てても，人為的に制御できない原因により誤差が生ずる．したがって，農学や生物学などの実験では，誤差をできるかぎり少なくして実験の精度を高め，発生する誤差を統計解析により正確に評価することが重要であり，的確な実験計画に基づく適正な統計解析が不可欠である．

　近年のコンピュータや情報技術（IT）の発達により，パソコン（PC）を駆使して複雑な計算や高度な統計解析が容易にできるようになった．市販のPCソフトで，分散分析，回帰分析，多変量解析などの統計解析を手軽に行うことができるが，解析結果を解釈することができなかったり，間違った解釈をしてしまう人が少なくないように見受ける．CPやITの発達により，多くの情報を入手できる環境が整っているにもかかわらず，必要な情報の選択ができないのは，なんとも残念である．多くの情報を整理・集約するのに，統計的手法を有効に活用することができる．

　大きな書店の店頭では，CPやIT関連の専門書とともに，統計理論や統計解析に関する書籍が数多くみられる．これらの中には，統計理論に重点をおいた専門書や工学や社会・経済学の学生や研究者を対象にした実用書が多い．

しかし，農学や生物学などの生物科学系分野の学生や研究者を対象にして，統計解析ならびに実験計画の考え方と手法を平易に解説した実用書は少ない．

そこで，本書では，第1部で，大学学部学生のための1学期（半年間の90分×15回相当）分を想定して，統計理論や数式の説明は最小限にとどめ，統計解析の基本的な考え方，統計量の計算や統計的検定の実践的方法の習得ができるようにした．

第2部で，統計の基礎を習得した学部学生または修士学生向けの1学期（半年）分を想定して，実験計画の考え方，データの分析法，分析結果の解釈などにをできるかぎり平易に解説した．

本書の読み方としては，統計解析や実験計画の原理より，むしろ実際的手法を習得したいと考える人は，理論的説明や数式の展開部分をとばして読むことをお勧めする．しかし，統計的検定，自由度の分割，偏差平方和の計算，実験計画の立て方などに関する原理を習得しておくと，モデルや計画が変わっても，その都度臨機応変に対応することができるようになる．

著者は，東京農業大学の国際食料情報学部の学部学生や同大学院農学研究科の修士・博士過程の学生達を指導する中で，統計解析と実験計画の考え方と実践的手法の習得の必要性を痛感し，本書の出版を計画した．

この本では，本文の流れをよくして理解を促すために，文中では専門用語の説明や解説は極力さけて，巻末に主要な専門用語に解説を加えてあるので用語集としても活用されたい．

最後に，本書の出版を快諾していただいた養賢堂ならびに同社編集部長矢野勝也氏，編集にあたり多大のご苦労をいただいた奥田暢子氏にお礼申しあげる．また，かけがえのない支援により，執筆を可能にしてくれた妻初子に感謝する．

2002年3月

藤巻　宏（東京農業大学・国際食料情報学部）

「生物統計解析と実験計画」正誤表 (2002年第1版)

頁	行目	誤	正
36	上から14	$\sqrt{(00952+0.0996)/10}$ $= 0.140$ となる	$\sqrt{(0.1058+0.1107)/10}$ $= 0.147$ となる
〃	上から15, 16	$t_c = (1.325 - 1.136)/0.140$ $= 0.189/0.140 = 1.35$ となる	$t_c = (1.325 - 1.136)/0.147$ $= 0.189/0.147 = 1.29$ となる
〃	上から18	$t_c = 1.35$	$t_c = 1.29$
〃	下から6	0.0326 となり	0.0375 となり
〃	下から5	0.0571 となる	0.0612 となる
〃	下から5	$t_c = 0.189/0.0571 = 3.31$	$t_c = 0.189/0.0612 = 3.09$
〃	下から4	$t_c = 3.31$	$t_c = 3.09$
〃	表4.1中 最下段	分散 ¦ 0.0952 0.0996 -- 0.0326	分散 ¦ 0.1058 0.1107 -- 0.0375
48	表5.2中	$E(Y_i)$　$Y_i - E(Y_i)$ --- 55.1　　3.9 57.2　　0.8 52.1　　3.9 40.9　　12.1 49.0　　1.0 46.0　　-1.0 45.0　　-2.0 38.9　　3.1 44.0　　-5.0 39.9　　-1.9 36.9　　-6.9 22.7　　4.3 --- $\Sigma d^2 = 287.79$	$E(Y_i)$　$Y_i - E(Y_i)$ --- 56.1　　2.9 58.2　　0.2 53.1　　2.9 41.9　　11.1 50.0　　0.0 47.0　　-2.0 46.0　　-3.0 39.9　　2.1 45.0　　-6.0 40.9　　-2.9 37.9　　-7.9 23.7　　3.3 --- $\Sigma d^2 = 275.19$
52	上から9	$s_d^2 = 287.79/(12-2) \times 924$ $= 0.03115$	$s_b^2 = 275.19/(12-2) \times 924$ $= 0.0298$
〃	上から10	$t = -1.013/0.1765 = -5.74$	$t = -1.013/0.173 = -5.86$
〃	上から12	$\|-5.74\|$	$\|-5.86\|$

※ 本文中に使用のすべての「相互作用」という用語を「交互作用」に訂正いたします

目　次

～第1部　統計解析～ ……………………………………………………1
第1章　データの整理と解析 ………………………………………………3
　1. データの整理による情報の集約 …………………………………4
　2. 1変量データの頻度分布図（ヒストグラム）……………………4
　3. 2変量データの散布図（相関図）…………………………………7
　4. 母集団の母数と正規分布 …………………………………………8
　5. 母数の推定 …………………………………………………………10
　6. 標本のランダム抽出 ………………………………………………11
　7. 演習問題 ……………………………………………………………12
第2章　平均と分散 …………………………………………………………13
　1. 記号と数式の表記 …………………………………………………13
　2. 電卓の使い方 ………………………………………………………14
　3. 標本の平均と分散 …………………………………………………17
　4. 平均と分散の計算 …………………………………………………18
　5. 標準誤差と変異係数 ………………………………………………20
　6. 演習問題 ……………………………………………………………21
第3章　確率と確率分布 ……………………………………………………23
　1. 確　率 ………………………………………………………………24
　2. 確率分布（確率密度関数）………………………………………25
　3. 二項分布 ……………………………………………………………25
　4. ポアソン分布 ………………………………………………………26
　5. 正規分布と標準正規分布 …………………………………………27
　6. $Student$ の t 分布 …………………………………………………29
　7. χ^2 分布 …………………………………………………………30
　8. F 分布 ………………………………………………………………31
　9. 演習問題 ……………………………………………………………31

第4章　統計的検定 ………………………………………………32
1. データの標準化 ………………………………………………33
2. 平均の区間推定 ………………………………………………34
3. 二つの平均値の差の検定（t検定） ………………………35
4. 三つ以上の平均値の多重比較検定（ダンカン検定） ……38
5. 分散比のF検定 ………………………………………………40
6. 理論値との適合度を調べるχ^2検定 ……………………42
7. 演習問題 ………………………………………………………44

第5章　複変数データの解析 ……………………………………45
1. 相関と相関図の作成 …………………………………………46
2. 共分散と相関係数の計算 ……………………………………47
3. 相関係数の有意性検定 ………………………………………49
4. 一次回帰式の計算 ……………………………………………49
5. 回帰係数の有意性検定 ………………………………………51
6. 回帰式による予測 ……………………………………………52
7. 相関と回帰の関係 ……………………………………………53
8. 重回帰式と重相関係数 ………………………………………54
9. 二つの説明変数をもつ重回帰式の計算法 …………………55
10. 演習問題 ……………………………………………………57

～第2部　実験計画～ ……………………………………………59

第6章　実験計画の考え方 ………………………………………61
1. 因子（処理）と水準 …………………………………………62
2. 実験誤差の管理 ………………………………………………64
3. 実験の誤差と精度 ……………………………………………66
4. 反復の意義と反復数 …………………………………………69
5. ランダム化 ……………………………………………………71
6. 局所管理 ………………………………………………………73
7. 主効果と相互作用 ……………………………………………74

第7章　一元配置実験 ……………………………………………… 76
1. 試験区の設定とデータの形式 ……………………………… 76
2. モデルと自由度の分割 ……………………………………… 77
3. 分散分析と F 検定 …………………………………………… 78
4. 分析と検定の例 ……………………………………………… 80
5. 一元配置の原理を活用したグリッド方式 ………………… 83
6. 演習問題 ……………………………………………………… 85

第8章　繰返しのある二元配置実験 ……………………………… 86
1. 試験区の設定 ………………………………………………… 86
2. データの形式 ………………………………………………… 87
3. モデルと自由度の分割 ……………………………………… 89
4. 分散分析と F 検定 …………………………………………… 89
5. 相互作用 ……………………………………………………… 92
6. 母数模型と変量模型 ………………………………………… 93
7. 分析と検定の例 ……………………………………………… 94
8. 演習問題 ……………………………………………………… 98

第9章　乱塊法実験 ………………………………………………… 99
1. 試験区の設定 ………………………………………………… 99
2. ブロック（反復）のとり方 ………………………………… 100
3. データの形式 ………………………………………………… 101
4. モデルと自由度の分割 ……………………………………… 102
5. 分散分析と F 検定 …………………………………………… 102
6. 分析と検定の例 ……………………………………………… 104
7. 付随観測データを用いた共分散分析 ……………………… 108
8. 演習問題 ……………………………………………………… 113

第10章　反復のある三元配置実験 ……………………………… 114
1. 試験区と反復の設定 ………………………………………… 114
2. モデルと自由度の分割 ……………………………………… 116
3. 分散分析と F 検定 …………………………………………… 117

  4. 分散分析と検定の例 …………………………………… 118

第11章　分割区法実験 …………………………………… 120
  1. 試験区の設定と反復のとり方 ………………………… 120
  2. モデルと自由度の分割 ………………………………… 121
  3. 分散分析と F 検定 ……………………………………… 122
  4. 分析と検定の例 ………………………………………… 124

第12章　2水準（2^n型）直交配列実験 ………………… 129
  1. 直交ベクトルと直交配列表 …………………………… 130
  2. 2^n直交配列表と処理区の割付け …………………… 131
  3. 自由度の分割と分散分析 ……………………………… 135
  4. 分析と検定の例 ………………………………………… 137
  5. 演習問題 ………………………………………………… 139

第13章　3水準（3^n型）直交配列実験 ………………… 140
  1. 直交ベクトルの作り方 ………………………………… 142
  2. 3^n直交配列表への主効果の割付と試験区の設定 … 142
  3. 自由度の分割と分散分析 ……………………………… 143
  4. 分析と検定の例 ………………………………………… 146
  5. 演習問題 ………………………………………………… 148

補章　ベクトルと行列 …………………………………… 149
  1. 集合と元の法則 ………………………………………… 149
  2. ベクトルとその集合 …………………………………… 150
  3. ベクトルの演算 ………………………………………… 151
  4. ベクトルの一次（線形）結合 ………………………… 152
  5. 行列の演算 ……………………………………………… 152
  6. 行列式の定義と意味 …………………………………… 154
  7. 行列式の基本的性質 …………………………………… 154
  8. 行列式の展開と値の求め方 …………………………… 155
  9. 逆行列とその性質 ……………………………………… 155
  10. 連立1次方程式の解法 ………………………………… 156

11. 固有値問題	157
付表	158
参考文献	177
おわりに	178
用語解説	181
索引	197

～第1部　統計解析～

　農学や生物学で実験や調査の対象とされる形質（形状や性質）は，内因としてのゲノム（遺伝子の組合せ）の効果と外因としての生育環境の効果ならびに両者の相互作用効果の総和として表現される．いわば，遺伝子と環境との複雑な働き合いの産物として，形質は発現する．このことを式であらわすと，次のようになる．

　表現型（P）＝遺伝子型効果（G）＋環境効果（E）＋相互作用効果（GE）
　　　　　　＋誤差（ε）

　自殖性作物の純系や栄養繁殖性作物のクローンなどの遺伝的に均質な生物材料を注意深く管理して育てたとしても，形質の発現には未知の原因による変動を伴うばかりでなく，形質の計測にあたって測定誤差が発生する．したがって，生物実験にはある程度の誤差を伴うことは避けられない．このような実験に伴う誤差，すなわち実験誤差は，人為的に管理できない多くの偶発的な微小要因により発生する．それに，形質の測定に伴う誤差も加わることになる．さらに，実験計画が適正でないために発生する誤差もある．

　農学や生物学などの生物科学の実験（生物実験）では，生物の生育や生殖に影響する要因や生物材料に与える処理によって，生物の形質や行動が変化する様子を調べることが多い．ところが，生物実験には誤差による変動を伴うのが常であるから，どの程度の大きさの変化が生じた時に，その変化（差異）が意味をもつ（有意性をもつ）のかを判定する基準が必要になる．

　そこで，統計学的方法では，処理の効果や因子の影響により生ずる変化が実験誤差の範囲を越えた時に，一定の水準（5％あるいは1％）の危険率をつけて有意差ありと判定する慣わしになっている．したがって，実験誤差が大きいと，現実に発生する有意差を検出しにくくなる．

　生物実験では，生物集団や個体などに一定の処理（品種をかえたり，肥料や農薬などを与えたりすること）をして，特性値の変化を調べることが多い．このような場合，処理によって生ずる特性値の変化が実験誤差より大きい時に，

処理により有意差が生じたと判定して,「処理の効果あり」と結論する.このため,実験誤差が小さいほど,処理によるわずかな差異まで検出できることになり,それだけ実験精度を高めることができる.実験誤差を小さくするためには,均質な生物材料を注意深く管理した環境の下で育て,適正な実験計画に基づいて実験を行う必要がある.統計学では,実験誤差の指標として標準誤差や誤差分散が用いられる.

生物実験によって得られるデータは,大きな母集団(仮想集団)から無作為(ランダム)に取り出された標本(サンプル)とみなされる.これらの標本の観測値から,平均や分散などの統計量を計算し,これらの統計量(実測計算値)から母平均と母分散などの母数(パラメータ)を推定する.そして,標本観測に伴う誤差は,平均値が0,分散がσ^2の正規分布:$N(0, \sigma^2)$に従うと仮定する.

人為的処理の効果や環境因子の影響があるか否かの判定は,統計検定に基づいて行われる.統計検定では,「処理の効果や因子の影響はない」とする帰無仮説(棄却を前提とした仮説)を立て,処理や因子により生ずる差異やばらつきが実験誤差の範囲を越えた場合,一定の危険率で仮説を棄却して,「処理の効果や因子の影響あり」と判定する.例えば,5%の危険率で出された判定は95%の信頼度をもつ一方,誤りを侵す確率が5%である.

第1部では,実験や観測・調査によって得られるデータの集約と整理の仕方,1変量データの頻度分布図(ヒストグラム)や2変量データの相関図の書き方をまず説明する.引き続いて,1変量統計で重要な標本平均や標本分散(または標準偏差)の意味と計算法,統計量を用いた母数(パラメータ)の推定の意義と方法,統計検定に必要な確率の概念と確率分布,統計検定の方法などについて解説する.さらに,2変量統計に関連して,単相関と単回帰をとりあげ,相関係数や一次回帰式の計算法と利用法を説明する.

なお,3変数以上の多変量統計には立ち入らず,多変量統計に必要な線形代数入門としてベクトルと行列については,補章を設けて説明を加えてあるので,必要に応じ参照されたい.

第1章　データの整理と解析

G. Mendel (1865) は，遺伝の法則の発見にあたって，エンドウマメの種子のしわの有無や子葉の色などの遺伝の仕方を研究した．エンドウマメの形や色は，遺伝の様式が単純であった．Mendel は，このような形質をあえて選んで分析することにより，明快な法則性を発見できたと言われている．

Mendel が遺伝の法則を発見することができた理由として，次のことが考えられる．

① 遺伝的に固定した材料（自家受粉性エンドウマメの純系品種）を用いたこと．
② 形や色などのはっきりと識別できる質的形質を扱ったこと．
③ 両親から伝えられる一つの形質にだけ着目して分析したこと．
④ データを整理して分析し，統計的な推理力を働かせたこと．

現代風に表現すれば，遺伝的に固定した材料を使って実験の精度を高め，一つ一つの質的形質にだけ着目して遺伝様式を単純化し，データを巧みに整理して体系的分析を行い，統計的推理を働かせたことが偉大な遺伝の法則の発見に導いたと考えられる．

Mendel が遺伝の法則を発見する以前から，イギリスをはじめとするヨーロッパの国々では，人の身長や体重，植物の草丈や形状の遺伝を研究した学者は少なくなかった．しかし，これらの量的形質の遺伝様式が複雑であった上に，いくつもの形質を同時に観察の対象としため，明快な法則性の発見には至らなかった．

イギリス学派の人々は，遺伝様式が複雑な量的形質の分析に必要な統計遺伝学を発展させた．Mendel の時代以前には，統計学的な解析手法は未発達であり，データを整理して分析することにより，偉大な遺伝の法則を発見できた．このことは，データを整理し情報の集約を効果的に行うことにより，見えなかったことが見えてくることを教えている．

1. データの整理による情報の集約

生物のあらわす形質は，形や色というような数値として直接計測しにくい質的形質と長さ，重さ，時間など数値として計測できる量的形質とがある．量的形質には，種子の数とか葉の枚数などのように整数で計測される形質も含まれる．

生物実験で得られるデータは，整数（小数点のつかない数字）や実数（小数点のついた数字）としてあらわされる．質的形質でも数値としてあらわすことができる．例えば，白，赤，黒をそれぞれ0，1，2などの数値におきかえて処理できる．量的形質は，直接数値として計測される．例えば，種子や茎の数は，3個とか20本とか整数値で計測され，草丈や子実の重さなどは，85.3 cmとか45.8 gなどの実数値で計測される．

質的形質でも量的形質でも，数値として計測されたデータは，同様な方法で整理・集約し，統計的に処理し解析することができる．データの統計的処理の方法を学ぶ前に，図表示によりデータを整理し情報を集約する方法を習得しておこう．

2. 1変量データの頻度分布図（ヒストグラム）

エンドウマメの莢の中にある種子の数を14莢について数えたら，3, 2, 3, 2, 3, 2, 4, 3, 5, 4, 4, 3, 1, 3の14個のデータがえられた．これらの数値を見ているだけでは，何も分からな

表1.1　エンドウマメ1莢あたりの子実数観測値の整理

階級値（子実数）	1	2	3	4	5
頻度（データ数）	1	3	6	3	1

い．そこで，これらのデータを分類し整理してみよう．このデータには，1, 2, 3, 4, 5の5種の整数値が含まれていることにまず着目する．そして，同一の数値の数を数える．つまり，1が1個，2が3個，3が6個，4が3個，5が1個ある．これらを分類・整理すると，表1.1のようになる．

この表では，観測した14個のデータを1莢あたりの子実数により5つの階級に分け，それぞれの階級に入るデータの数を頻度としてあらわしている．1

番目の階級には1個のデータ（莢あたり子実数は1個），2番目の階級には3個のデータ（2個の子実をもつ莢は3個），…，5番目の階級には1個のデータ（5個の子実をもつ莢は1個）が含まれる．

このように整理されたデータは，図1.1のように表示することができる．この図では，横軸に階級値（莢あたりの子実数），縦軸に頻度（データの数）を目盛ってある．このようなグラフをヒストグラム（頻度分布図）という．このようなヒストグラムは，中心をあらわす「一つのピーク」とばらつきをあらわす「左右の広がり」によって特徴づけられている．

次に，連続的に変化する量的形質であるイネの草丈を測定したデータを整理してみよう．表1.2のような30個の実数値のデータをどのように整理したらよいであろうか．エンドウマメの一莢あたりの子実数の例にならって，これらの30個のデータを階級分けして整理してみよう．

データが実数値の場合，いくつの階級に分けるかをまず決める．階級の数は，通常，数個から十数個の範囲とするのがよい．階級数が少なすぎると，多くの情報が失われてしまうし，階級数が多すぎると計算の手間がかかる．ここでは，階級の数を7とすることにする．

データの分類に必要な階級の境界値を決めるには，まず，階級の間隔を次の式で求める（次頁）．

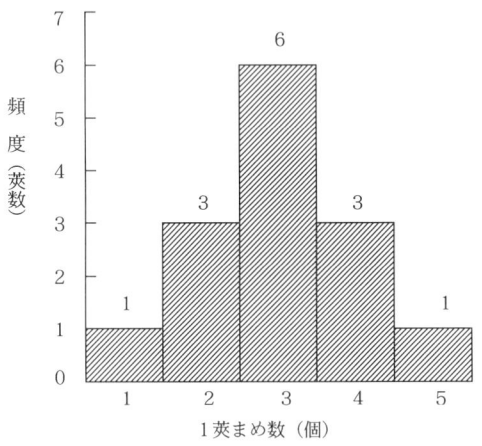

図1.1　莢当たりまめ数の頻度分布

表1.2　イネ30株の草丈測定値の未整理データ（cm）

87.3	91.8	80.0	87.8	81.5	87.5	88.5	82.5	84.9	83.9
84.3	86.6	91.2	82.1	84.0	90.1	86.5	83.2	90.5	86.1
88.1	82.0	89.3	86.0	85.7	86.4	85.0	86.9	88.3	89.4

階級の間隔＝（データの最大値－最小値）÷階級数＝$(91.8-80)÷7≒2$

このデータでは，最大値は91.8であり最小値は80である．階級の間隔が2となったので，最初の階級値を80（データの最小値）として，階級間隔の値を加えて階級値を80，82，84，86，88，90，92と決める．次に，各階級に入るデータ数（頻度）を数える．その場合，第1番目の階級（代表値80）には，79.0－80.9の間のデータ，第2番目の階級（代表値82）には，81.0－82.9，第3番目の階級（代表値84）には，83.0－84.9，以下同様にして，最後の階級（代表値92）には，91.0－92.9の間のデータを入れる．こうしてデータを階級分けして整理すると，表1.3のようになる．

表1.3 イネ30株の草丈測定値を階級分けして整理したデータ

階級（代表）値 (cm)	80	82	84	86	88	90	92
頻度（データ数）	1	4	5	8	6	4	2

この表の階級（代表）値を横軸に，それぞれの階級に入るデータの個数，すなわち頻度を縦軸にとって，ヒストグラムとしたのが図1.2である．

エンドウマメの莢あたりの子実の数やイネの草丈などの量的形質は，植物が生育する環境や栽培条件の影響で微妙に変動し，測定値に必ず誤差を伴う．そのため，図1.1や図1.2にみられるように，ある値を中心にして，左右対称に両側に尾を引く分布を示すことになる．これらの一つの頂点をもつ山型の分布は，頂点の位置を示す中心とすその広がりに特徴がある．統計学では，分布の中心をあらわすのに平均，広がりをあらわすのに分散（またはその平方根である標準偏差）が最も広く使われる．

ところで，図1.2に示した30株のイネの草丈のヒストグラムでは，縦軸には各階級に属するデータの数を頻度として目盛った．これらの頻度を全標本（株）数で割って得られる相対頻度を縦軸に目盛って作られるのが，相対頻度分布図である．相対頻度は，0～1の実数あるいはそれらを100倍して％で表示する．相対頻度を全部積算すると，実数表示では1，また，％表示では100となる．

30個のイネ株サンプルから作成される相対頻度分布図は，図1.2のヒストグラムの縦軸の頻度が相対頻度になるだけで，その形は変わらない．相対頻度は，各階級に属するデータの割合ともいえるし，各階級のデータが発生する確率とも見ることができる．

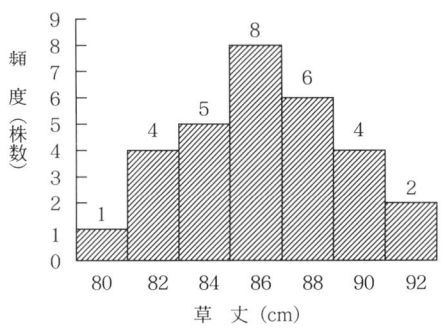

図1.2　イネ草丈の頻度分布図

　この種の相対頻度分布に関して，標本の数を限りなく多く（無限大に）し，階級の間隔を限りなく狭める（無限小にする）と，その極限として一つのピーク（単頂）の両側に左右対称のすそのをもつ釣り鐘型の連続曲線を想定することができる．この連続曲線を確率分布（または，確率密度関数）と呼んでいる．相対頻度分布の縦軸は％であるが，確率分布では縦軸には相対頻度（％）を100で割った実数値を目盛る．そうすると，曲線とX軸との間の面積がちょうど1となる．数学的には，確率密度関数を$-\infty$から$+\infty$まで積分すると，その値が1となる．

3．2変量データの散布図（相関図）

　1変量データ（1変数）は，直線上の点としてあらわすことができるのに対して，2変量データ（2変数）は，二次元平面上の点として表現できる．一方の変数Xを横軸に，他方の変数Yを縦軸に目盛ると，2変数(X, Y)は，直角に交わるX軸とY軸が作る平面上の点としてあらわすことができる．

　表1.4には，タバコ属植物の花筒の長さと花弁の長さを標本植物ごとに測定した結果である．このような2変量データの間の関係をあらわすには，標本ごとの一対のデータ，標本1は，(49, 27)，標本2は，(44, 24)，……標本18は，(35, 13)を2次元平面上の点としてプロットする．18個の標本のデータ(X, Y)をX（横）軸とY（縦）軸が作る平面上にプロットするには，

表1.4 タバコ属植物の花筒と花弁の長さとの関係 (Steel & Torrie, 1960)

標本番号	1	2	3	4	5	6	7	8	9
花筒長 (mm)	49	44	32	42	32	53	36	39	37
花弁長 (mm)	27	24	12	22	13	29	14	20	16

標本番号	10	11	12	13	14	15	16	17	18
花筒長 (mm)	45	41	48	45	39	40	34	37	35
花弁長 (mm)	21	22	25	23	18	20	15	20	13

まず,標本1のデータは,(49, 27)であるから,X軸上の49の点を通りY軸に平行な直線とY軸上の27の点を通りX軸に平行な直線との交点が標本1をあらわす平面上の点となる.以後,標本2 (44, 24),……標本18 (35, 13)を平面上にプロットすると,図1.3のようになる.この図は,二つの変量の間の関係を図示したもので,散布図あるいは相関図と呼ばれる.

この散布図は,タバコの花筒長と花弁長との相関関係をよくあらわしている.まず,花筒が長いものは花弁も長いこと(正の相関),また,両者の関係はかなり密接であること(高い相関)から,タバコの花筒長と花弁長との間には,正の高い相関関係のあることがわかる.

4. 母集団の母数と正規分布

一般に統計学では,実験や調査で得られる観測値を,非常に大きな母集団(無限大の仮想集団)から無作為(ランダム)に抽出された標本(サンプル)と考え,理論を組み立てる.

母集団の構成員は正規分布すると仮定する.この分布は,最も普遍的な確率分布の一つである.確率分布は,確率の計算に必要な関数であらわされ,確率密度関数とも呼ばれている.正規分布は,中心に一つのピーク(単頂)があり,左右対称のすそのをもつ釣り鐘型の分布である.正規分布は,二つの母数(パラメータ)により特徴づけられる.その一つは,母平均(μ)であり,分布の中心を示す.もう一つは,母分散(σ^2)であり,分布の広がりの程度をあらわす.正規分布は,次のような式であらわされる(次頁).

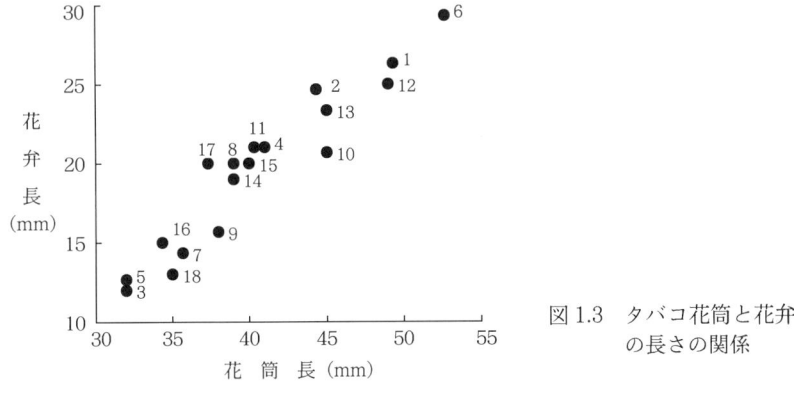

図 1.3 タバコ花筒と花弁の長さの関係

$$f(x) = (1/\sqrt{2\pi}\,\sigma)\,\mathrm{e}^{-(1/2)\{(x-\mu)/\sigma\}^2} \qquad (1-1)$$

　この式で π は円周率，e は自然対数の底である．正規分布をあらわす (1-1) 式には，母平均 μ と母分散 σ^2（あるいは母標準偏差 σ）が含まれており，この分布の中心が母平均 μ で決まり，広がりの程度が母分散 σ^2 で決まる．すなわち，これらの母数が正規分布の位置と形を決定し，母平均と母分散が正規分布を特徴づけていると言うことができる．正規分布を簡略化して，$N(\mu,\ \sigma^2)$ と書くこともある．

　この正規分布が確率密度関数と呼ばれる理由は，この関数から確率を求めることができる点にある．正規分布する母集団に属する確率変数 x が x_1 と x_2 の間の値をとる確率 $P(x_1 < x < x_2)$ を求めるには，これらの点を通る Y 軸に平行な二つの直線ならびに曲線と X 軸とで囲まれた区域の面積を求めればよい．数学的には，確率密度をあらわす関数 $y = f(x)$ を x_1 から x_2 まで積分することにより，この確率を計算することができる．それを式であらわすと次のようになる．

$$P(x_1 < x < x_2) = \int_{x_1}^{x_2} f(x)\,\mathrm{d}x \qquad (1-2)$$

　統計解析では，実験や調査で得られるデータは，正規分布：$N(\mu,\ \sigma^2)$ す

る母集団からランダムに取り出された標本の観測値とみなす．データから計算される平均と分散などの統計量は，母平均と母分散と区別して，標本平均（Xm）と標本分散（s^2）と名付けられる．しかし，標本平均や標本分散は，とくに断りがない限り，便宜上単に平均と分散と呼ぶことが多い．これらの統計量から母平均（μ）と母分散（σ^2）などの母数（パラメータ）を推定することができる．

　ランダムな誤差を伴う変数の多くが正規分布をするという意味で，この分布は普遍的な確率分布と言える．とくに重要なことは，もとの母集団が正規分布以外の分布をする場合でも，その母集団からランダムに取り出された標本の平均値は，正規分布をすることが明らかにされていることである．この点からも，正規分布はとくに汎用性の高い確率分布といえる．

5．母数の推定

　生物のあらわす多くの形質は，多数の要因が複雑に作用し合って発現すると考えられる．このため，遺伝的に均質な材料を注意深く管理して育てても，人知の及ばない微妙な環境や栽培条件の違いにより，観測値には誤差を伴う．このような誤差を伴う変量は，一定の分布（確率分布）に従って変化する．

　最も普遍的な確率分布の一つが正規分布であること，正規分布は，中心を決める母平均 μ とばらつきの程度を決める母分散 σ^2 により特徴づけられていることなど，すでに説明した．

　ところで，分布の中心をあらわす指標としては，平均のほかに，変数域の中央の階級値である中央値や最も高い頻度をもつ階級値である最頻値などもある．しかし，標本数を多くすると，限りなく母平均に近づく偏りのない不偏推定値となるのは，標本平均のみであり，数学的な取り扱いも便利であるため，分布の中心的傾向をあらわすには専ら平均が用いられる．

　一方，分布のばらつきの程度をあらわす統計量としては，分散のほかに範囲や偏差絶対値などもある．しかし，標本分散が計算に便利で偏りのない不偏推定値となるので，これが専ら用いられる．

　統計解析の主な目的の一つは，一定の母集団から取り出される標本のデー

タを使って，母集団の分布を特徴づけている母平均や母分散などの母数（パラメータ）を推定することである．その場合，標本のデータから計算される平均と分散だけから，母平均や母分散を直接推定する点推定と，一定（95％あるいは99％）の信頼度（確率）付きで行う区間推定とがある．

6. 標本のランダム抽出

再三にわたり述べた通り，統計学では多くの母集団から得られる変数は，正規分布 $N(\mu, \sigma^2)$ に従うと考える．もし，元の母集団が正規分布以外の確率分布をする場合でも，それから無作為に取り出される標本の平均値は，正規分布をすることが明らかにされている．

生物実験などで得られる観測データは，母集団から無作為に取り出された標本とみなし，観測データから計算される標本平均（Xm）と標本分散（s^2）から，母平均（μ）と母分散（σ^2）を推定する．観測データが母集団から取られた偏りのないランダムな標本でなければ，母集団のパラメータの推定を正確に行うことはできない．

例えば，表1.2に示した30株のイネが10aの水田に植えられた5万株の母集団からとった標本であるとしよう．これらの30株が全くランダムに取り出された標本であれば，これらから計算される標本平均や標本分散が母集団のパラメータの最良の推定値となる．

しかし，10aの水田に栽培されている5万株のイネの中から，畦畔際の30株だけを選んだとすれば，これらはランダムに抽出された標本とは言いがたく，標本から計算される平均と分散は，母平均と母分散の不偏推定値とはならず，偏った推定値しか得られないことになる．

母集団のパラメータを正しく推定するためには，ランダムな標本抽出が不可欠である．標本をランダムに抽出するには，色々な工夫が必要である．例えば，10aの水田に正条植え（行と列とも一定の間隔になる植え方）された5万株のイネの中から，30株をランダムに抽出するには，いくつかの方法が考えられる．

第一の方法は，水田を30の区画にわけ，それぞれの区画からランダムに1

株ずつを選択する．第二の方法は，行と列をランダムに決めて，それらの交点にある株をとる．第三の方法として，5万株に1から50000までの連番をつけ，5桁の乱数を30個作って，それらの乱数にあたる番号のイネ株を抽出する．

標本のランダム抽出に必要なのが付表1に示したような乱数表または乱数発生プログラムである．統計学の本やハンドブックに乗っている乱数表やコンピュータソフトに組み込まれた乱数発生関数を利用するとよい．生物実験では，実験材料や実験計画の内容に応じ，乱数をうまく利用して無作為に標本を抽出するには，色々な工夫が必要となる．無作為に抽出された標本から，最も偏りの少ない推定値が得られる．

7. 演習問題

次の100個の未整理のデータを使って，次のことを試みよ．

1) データを階級（代表）値10, 15, 20, ……, 65, 70の13階級に分け整理せよ．
2) その整理されたデータから，頻度分布図（ヒストグラム）を作成せよ．
3) ヒストグラムの頂点を，なめらかな線で結んで，釣り鐘型の分布となることを確かめよ．

表1.5 100個の未整理データ

標本番号	0	1	2	3	4	5	6	7	8	9
0	41	41	42	27	28	28	29	29	42	42
10	32	33	26	40	40	41	41	33	39	40
20	40	18	20	34	33	42	43	36	36	37
30	43	43	43	44	37	37	37	38	38	38
40	44	44	45	45	45	46	46	46	47	35
50	35	36	47	47	48	48	48	49	30	30
60	31	31	31	32	32	49	49	50	50	65
70	66	68	17	39	39	39	36	10	12	14
80	15	51	51	52	52	53	54	55	57	58
90	60	62	34	34	35	22	23	25	63	70

第2章　平均と分散

　生物実験や野外調査で得られる観測値は，非常に大きな母集団から無作為（ランダム）に抽出された標本のデータと考えると，その母集団の分布を特徴づける母平均と母分散の二つのパラメータ（母数）を標本データから計算する標本平均と標本分散により推定することができる．偶然による誤差を伴う変数は，中心にピークをもつ左右対称の釣り鐘型の分布（正規分布）をすることが知られている．また，母集団がいかなる分布をする場合でも，その母集団から無作為に抽出される標本の平均値は，正規分布をすることが知られている．

　正規分布を特徴づける特性値のうち，平均は分布の中心的傾向，分散は，分布の広がり（ばらつき）の程度をあらわす．平均と分散により，正規分布の位置と形が決まる．こうした意味で，実験や調査で得られるデータから計算される平均と分散は，データの統計的解析を進める上で，最も重要な統計量と言える．

1．記号と数式の表記

　記号や数式を煩わしいと思わずに，丹念にフォローすることが，分析や検定の原理と方法を理解する最も近道である．四則演算，因数分解，1次関数などの中学ないし高等学校程度の数学で十分であり，高等な数学の知識は，必要としない．本書では，紙面の節約をはかるために，記号や数式を簡略に表現することとする．

n 個の標本データの合計：$X_1 + X_2 + X_3 + \cdots + X_i + \cdots + X_n = \sum_{i=1}^{i=n} X_i = \Sigma_i X_i = \Sigma X = X.$

n 個の標本データの平均：$\Sigma_i X_i / n = \Sigma X / n = X. / n = Xm$

n 個の標本データの平方和：$\Sigma_i X_i^2 = \Sigma X^2$

n 個の標本データの合計の平方：$(\Sigma_i X_i)^2 = (\Sigma X)^2 = X.^2$

n 個の標本データの偏差平方和：$\Sigma_i (X_i - Xm)^2 = \Sigma (X - Xm)^2 = SSX$

n 個の標本データの分散：$\Sigma (X - Xm)^2 / (n-1) = s_X^2 = s^2 = V(X)$

n 対の標本データ対の積和：$\Sigma_i X_i Y_i = \Sigma XY$

n 対の標本データの偏差積和：$\Sigma_i (X_i - Xm)(Y_i - Ym)$
$\qquad\qquad\qquad\qquad\quad = \Sigma (X - Xm)(Y - Ym) = SPXY$

n 対の標本データの共分散：$\Sigma (X - Xm)(Y - Ym) / (n-1) = s_{XY}$

独立変数 X に対する従属変数 Y の1次回帰式：$Y = a + bX$

n 個の独立変数 $X1, X2, \cdots, Xi, \cdots Xn$ に対する従属変数 Y の重回帰式：
$Y = a + b_1 X1 + b_2 X2 + \cdots + b_i Xk, \cdots, b_n Xn$

n 個の標本データの k 番目の独立変数 Xk の平均値：$\Sigma_i Xk_i / n = \Sigma Xk. / n = Xm_k$

二重分類データ X_{ij} の合計：$\Sigma_i \Sigma_j X_{ij} = \Sigma_{ij} X_{ij} = \Sigma_i X_i. = \Sigma_j X_{.j} = X..$

二重分類あるいはそれ以上の次元の分類データ（X_{ijk} など）の合計，平均，偏差平方和，分散なども類似の表記をする．

2．電卓の使い方

初歩的な統計学を理解するには，平均，平方和，積和，分散などの計算の仕方を習得しておくことが必要である．今日では，子供の小遣い程度の金額で，メモリーの付いた簡易電卓を手に入れることができる．太陽電池付きの電卓を胸のポケットに入れておけば，野外でもまた電気のない辺境の地でも，簡易にデータの分析ができる．例えば，平均や標準偏差をはじめ，簡単な分散分析，統計検定，相関係数や1次回帰式の計算などを手軽に行うことができる．さらに，電卓を使って手計算をすることにより，平均や分散などの統計量についての理解を深めることもできる．

[+⇔−]	[RM/CM]	[M−]	[M+]	[÷]
[%]	[7]	[8]	[9]	[×]
[√]	[4]	[5]	[6]	[−]
[C]	[1]	[2]	[3]	[+]
[ON/C]	[0]	[.]	[=]	

図2.1　簡易電卓のキー（例）

2. 電卓の使い方

　ここでは簡易電卓を使って，合計，平均，平方和，積和，分散などの統計量の計算の仕方を習得しておこう．今手元にある電卓のキーは，図2.1のような配列になっている．数字キー以外のキーの機能を簡単に説明しておこう．

　[+⇔−]…入力した数値の符号をかえる．
　[RM/CM]…1回押すと，内蔵メモリーの数値を呼び出し（RM），2回続けて押すと，内蔵メモリーをクリアーする（CM）．
　[M−]…画面にある数値を内蔵メモリーの数値から差し引いて，その値をメモリーに保存する．
　[M+]…画面にある数値を内蔵メモリーの数値に加え，その値をメモリーに保存する．
　[％]…わり算のとき，[＝]の代わりに押すと，数値が％単位で表示され，レジスターをクリアーする．
　[√]…画面の数値の平方根を計算して，画面に表示する．
　[C]…画面に表示されている数値だけをクリアーする．
　[ON/C]…電源を入れたり（ON），レジスターの数値を含め，計算中の全部の数値をクリアーする（C）．
　[＋]…画面の数値に，次に入力する数値を加える．
　[−]…画面の数値から，次に入力する数値を差し引く．
　[×]…画面の数値に，次に入力する数値を乗ずる．
　[÷]…画面の数値を，次に入力する数値で除する．
　[＝]…計算結果を画面に表示して，レジスターをクリアーする．

　計算に使うデータを，$X_1, X_2, \cdots X_n$，あるいは，$Y_1, Y_2, \cdots Y_n$ とする．
　まず，X_i の合計と平均を電卓で求めるには，次の順序でキー操作をすればよい．
　操作①（合計の計算）：[ON/C]，X_1，[＋]，X_2，[＋]，$\cdots$，X_n，[＝]
とすれば，計算された合計（$X.$）が画面に表示される．
　操作②（平均の計算）：操作①に続いて，[÷]，n，[＝]
　次に，統計の計算で頻繁に計算される平方和 $\Sigma_i X_i^2$ を電卓で計算するには，

次の手順でキー操作をする.

操作③（平方和の計算）：[ON/C]，[RM/CM] を連続2回，X_1，[×]，[M+]，X_2，[×]，[M+]，‥，X_n，[×]，[M+]，[RM/CM]
これで，画面に平方和 $\Sigma_i X_i^2$ が表示される.

さらに，偏差平方和の計算に用いられる補正項 $(\Sigma_i X_i)^2/n$ は，次の順序でキー操作をすれば求まる.

操作④（偏差平方和の補正項の計算）：[ON/C]，$X.$，[×]，[=]，[÷]，n，[=]

分散の計算式の求め方は，後で説明するが，$s_X^2 = \{\Sigma_i X_i^2 - (\Sigma_i X_i)^2/n\}/(n-1)$ の式を用いて，操作②と③で求めた平方和と補正項を使って，簡単に計算できる.

操作⑤（分散の計算）：操作④に続いて，[M+]，$\Sigma_i X_i^2$，[−]，[RM/CM]，[=]，[÷]，$(n-1)$，[=]．これで，画面にでるのが計算された分散である.

もう一つ統計解析においてよく計算されるのは，2変数 (X と Y) 間の積和 $\Sigma_i X_i Y_i$ である．積和を電卓で計算するには，次の順序でキー操作を行う.

操作⑥（積和の計算）：[ON/C]，[RM/CM] を連続2回，X_1，[×]，Y_1，[M+]，X_2，[×]，Y_2，[M+]，‥，X_n，[×]，Y_n，[M+]，[RM/CM]

相関係数や回帰係数の計算に必要な偏差積和の補正項 $(\Sigma_i X_i \Sigma_i Y_i)/n$ の計算は，次の手順で行える.

操作⑦（偏差積和の補正項の計算）：[ON/C]，$X.$，[×]，$Y.$，[=]，[÷]，n，[=]

積和とその補正項を使って，共分散を求めることができる.

操作⑧（共分散の計算）：操作⑦に続いて，[M+]，$\Sigma_i X_i Y_i$，[−]，[RM/CM]，[=]，[÷]，$(n-1)$，[=]

このようにして，簡易電卓さえあれば電気のないところでも，必要な基本統計量の計算を行うことができる.

3. 標本の平均と分散

観測データから計算される標本平均は，標本数 n が増すと限りなく母平均に近づく点で，母平均の最良の不偏推定値となる．観測データの合計を $X_1 + X_2 + X_3 + \cdots + X_n = \Sigma_i X_i$ であらわし，とくに i の範囲が明らかな場合には，さらに省略して ΣX または $X.$ などと書いたりする．この表記法によると，標本平均は次の式で計算される．

$$Xm = \Sigma_i X_i / n \quad (あるいは X./n) \tag{2-1}$$

表 2.1 のように，データが階級分けされている場合，標本平均値は，$Xm = \Sigma f_i Y_i / \Sigma f_i$ で計算することができる．ただし，f_i は i 番目の階級に入るデータの数，すなわち，頻度，Y_i は階級の代表値をあらわし，Σf_i は全標本数をあらわす．

標本データから計算される標本分散は，母分散の最良の不偏推定値となる．すなわち，標本数を増すと標本分散は限りなく母分散に近づく．

標本分散を計算するには，まず，計測値 X_i とそれらから計算される平均値 Xm との偏差 $(X_i - Xm)$ の平方和 $\Sigma_i (X_i - Xm)^2$ を計算する．これを偏差平方和といい，それを自由度（標本数 n から 1 を引いた値）$n-1$ で割ると，分散 s_X^2 が求められる．したがって，標本分散は次の式で計算できる．

$$s_X^2 = \Sigma_i (X_i - Xm)^2 / (n-1) \tag{2-2}$$

表 2.1 階級分けし整理されたデータ

階級番号	1	2	3 ⋯	i ⋯	n	合計
階級値 (Y)	Y_1	Y_2	Y_3	Y_i	Y_n	
頻度 (f)	f_1	f_2	f_3	f_i	f_n	$\Sigma_i f_i$
$f \times Y$	$f_1 Y_1$	$f_2 Y_2$	$f_3 Y_3$	$f_i Y_i$	$f_n Y_n$	$\Sigma_i f_i Y_i$
$f \times Y^2$	$f_1 Y_1^2$	$f_2 Y_2^2$	$f_3 Y_3^2$	$f_i Y_i^2$	$f_n Y_n^2$	$\Sigma_i f_i Y_i^2$

なお，偏差平方和（SS）を一層簡便に計算するために，次のような式の展開・変形ができる．

$\Sigma_i (X_i - Xm)^2 = \Sigma_i (X_i^2 - 2XmX_i + Xm^2) = \Sigma_i X_i^2 - 2Xm\Sigma_i X_i + nXm^2$
$= \Sigma_i X_i^2 - 2X.^2/n + X.^2/n = \Sigma_i X_i^2 - X.^2/n$ （ただし，$Xm = X./n$）

この式（$\Sigma_i X_i^2 - X.^2/n$）の第1の項は，$\Sigma_i X_i^2 = X_1^2 + X_2^2 + X_3^2 + \cdots + X_i^2 \cdots + X_n^2$ で，観測データを平方（2乗）して加えた平方和である．第2項は，変形すると $X.^2/n = (\Sigma X)^2/n = nXm^2$ となり，平均値 Xm からの偏差に関連した補正項（CF）であることがわかる．

このように，偏差平方和（SS）を求める計算式は，通常2項から成り立っていて最初の項は，データの2乗をデータの個数で割って求める平方和（2乗するデータが一つの時は，除数は省略）であり，補正項は，n 個のデータの合計の2乗をデータの個数 n で割る式となっている．両項とも，データまたはデータの合計を2乗して，データの個数で割って求める点では共通している．この原則は，あらゆる種類の平方和の計算にも当てはまるので，覚えておくと大変に便利である．このようにして計算された偏差平方和を自由度で割ると，分散が求まる．したがって，分散は平均偏差平方和（MS）とも呼ばれる．

階級分けされたデータの場合，i 番目の階級（階級代表値 Y_i）に属するデータの頻度を f_i とすると，偏差平方和の計算式は，$\Sigma_i f_i Y_i^2 - (\Sigma_i f_i Y_i)^2/\Sigma_i f_i$ となる（表2.1参照）．この偏差平方和を自由度（$\Sigma_i f_i - 1$）で割って，分散を求めることができる．

4．平均と分散の計算

あるイネの品種の20株の草丈（地際から穂の先端までの長さ）を測定したら，次のようなデータが得られた．

このデータから，平均値と分散を直接計算すると，次のようになる．

標本平均は，$Xm = \Sigma_i X_i / n = (89 + 131 + 122 + \cdots + 109)/20 = 2188/20 = 109.4$ となり，偏差

表2.2　イネの草丈の計測データ（cm）

89	131	122	126	94	98	102	112	104	113
104	115	106	116	106	117	107	108	109	109

平方和は，$SS = \Sigma_i X_i^2 - X.^2/n = (89^2 + 131^2 + 122^2 + \cdots + 109^2) - 2188^2/20 = 1980.8$ となる．したがって，分散は，$s^2 = SS/(n-1) = 1980.8/19 = 104.25$，標準偏差は，$s = \sqrt{104.25} = 10.2$ となる．

次に，これらのデータを6階級に分けて整理すると，表2.3の通りになる．

表2.3 イネ草丈計測データの階級分けによる整理

階級境界	代表値 (Y_i)	各階級に属するデータ	頻度 (f_i)
80 - 89	85	89	1
90 - 99	95	94 98	2
100 - 109	105	102 104 104 106 106 107 108 109 109	9
110 - 119	115	112 113 115 116 117	5
120 - 129	125	122 126	2
130 - 139	135	131	1

このように階級分けし整理されたデータから，平均と分散を計算すると，

平均値：$Xm = \Sigma_i f_i Y_i / \Sigma_i f_i$
  $= (1 \times 85 + 2 \times 95 + 9 \times 105 + \cdots + 1 \times 135)/(1 + 2 + 9 + 5 + 2 + 1)$
  $= 2180/20 = 109.0$

偏差平方和：$SS = \Sigma_i f_i Y_i^2 - (\Sigma_i f_i Y_i)^2/\Sigma_i f_i$
  $= (1 \times 85^2 + 2 \times 95^2 + 9 \times 105^2 + \cdots + 1 \times 135^2) - 2180^2/20$
  $= 240100 - 237620 = 2480$

分散：$s^2 = SS/(\Sigma_i f_i - 1) = 2480/(20 - 1) = 130.53$

標準偏差：$s = \sqrt{130.53} = 11.4$

未整理のデータから計算される平均と分散は，階級分けして整理されたデータから計算される平均と分散とは，同じにはならない．表2.3から明らかなように，データを階級分けするということは，89を85に置き換え，94と98を95に，102から109までの数値を105に，……，131を135に置き換えて近似計算をしているために差異が生ずる．これらの違いは，表2.4のように整理できる．

パソコンの普及した現在では，計算を簡易化するためにデータを階級分け

して整理する必要はあまりない．しかし，平均や分散の計算法を理解したり，あるいは，簡易電卓しか使えない野外などで計算をしたりする場合には，データの整理法とともに整理されたデータを使った簡便な計算法を知っておくことが大変に便利である．

未整理のデータと階級分けしたデータとの間の差は僅少であり，とくに，平均値と標準偏差の差は少ない．

表2.4 未整理のデータと階級分けして整理したデータの計算結果の差異

統計量	未整理のデータ	階級分けしたデータ
合計 ($X.$)	2188	2180
平均 (Xm)	109.4	109.0
偏差平方和 (SS)	1980.8	2480.0
分散 (s^2)	104.25	130.53
標準偏差 (s)	10.2	11.4

パソコンがない場合でも，メモリー付きの簡易電卓さえあれば，合計，平均，平方和，分散，標準偏差などを簡単に計算することができる．

5．標準誤差と変異係数

標本データから計算される平均 (Xm) と分散 (s^2) は，母平均 (μ) と母分散 (σ^2) の最良の不偏推定値となる．ところで，多くの生物実験では，標本データから計算により求められる平均の大小や処理により生ずる二つ（あるいはそれ以上の）平均値間の差異を調べたいことが多い．そこで，データが正規母集団：$N(\mu, \sigma^2)$ からとられた場合，標本平均値は，どんな分布をするのかを明らかにしておく必要がある．

標本データ X_i の平均 Xm の期待値は，$E(Xm) = \mu$（母平均）であり，分散の期待値は，$E\{s^2 = V(X)\} = \sigma^2$（母分散）となる．したがって，平均 Xm の分散の期待値は，次のようになる．

$$\sigma_{Xm}^2 = EV(\Sigma_i X_i / n) = (1/n^2) EV(\Sigma_i X_i)$$
$$= (1/n^2) EV(X_1 + X_2 + X_3 + \cdots + X_n)$$
$$= (1/n^2) \{EV(X_1) + EV(X_2) + EV(X_3) + \cdots + EV(X_n)\}$$
$$= (1/n^2) nEV(X) = \sigma^2 / n$$

したがって，正規母集団：$N(\mu, \sigma^2)$ からとられる n 個の標本の平均値は，母平均が μ で，母分散が σ^2/n の正規分布：$N(\mu, \sigma^2/n)$ をすることがわかる．

この関係を援用して，標本データから計算される分散を s^2 とすると，n 個の標本の平均値の分散 (s_{Xm}^2) は，s^2/n となる．つまり，n 個の標本データの平均値の分散は，元のデータの分散の n 分の1，その標準偏差は，$\sqrt{n}$ 分の1となる．この平均値の標準偏差 (s_{Xm}) は，標準誤差とも呼ばれている．

標準誤差を用いれば，母平均の含まれる範囲を一定（通常 95 ％または 99 ％）の信頼度（確率）で区間推定したり，いくつかの標本平均の間の差の有意性を検定したりすることができる．

ところで，実験，調査，観測などの精度を大まかに知りたい時や計測単位の異なるデータの精度を比較したりするときに変異係数が用いられる．変異係数 (CV) は，標準偏差を標本平均値で割った値 (s_X/Xm) を 100 培して％で表示される．

例えば，メートル単位で測定されたトウモロコシの草丈とグラム単位に計測された穀実粒の目方の測定値の精度を比較したい場合，標準偏差を平均値で割って得られる変異係数を比較するとよい．変異係数は，標準偏差を平均値の倍数としてあらわした無名数であり，測定単位の異なるデータの精度を比較したりするときに活用すると便利である．

また，異なる実験や調査から得られたデータの標準誤差を平均値で割って得られ変異係数を調べることにより，実験や調査の精度を大まかに知ることができる．経験的には，誤差の変異係数が数％以下なら，精度の高い実験や観測とみられ，その変異係数が 10 ％を越えるようでは，実験や観測の精度が十分に高いと見なすことはできない．

6．演習問題

1) 第1章の演習問題の表1.5の階級分けしたデータを使って，平均 (Xm) と分散 (s_X^2) を計算せよ．
2) 同じ表1.5 の100個の未整理データの中から，全くランダムに10個ず

つの標本を 10 回取り出せ.
3) それらの標本データの平均値と分散を計算せよ.
4) 計算で求めた 10 の標本平均値から，さらに平均値の平均 (Xmm) とその分散 (s_{Xm}^2) を求めよ.
5) このようにして求めた平均値 (Xmm) と分散 (s_{Xm}^2) を，1) で計算した原集団の平均値 (Xm) や分散 (s_X^2) と比較せよ.

第3章　確率と確率分布

　統計学の理論は，確率理論をベースにして組み立てられている．統計学では，ある事象（事柄や現象）がさまざまな頻度で起こることを分布するという．例えば，イネのある品種を一定の環境で育てたとき，草丈が高低に変化することを統計学的には，イネの草丈は分布するという表現をする．

　統計分析の対象となる事象は，一定の分布（確率分布）をする．統計分析では，確率分布する母集団からランダムに抽出される標本の観測データをもとにして，母集団の特性値（母平均や母分散などの母数）を一定の確率で推定する．

　生物実験では，均質な実験材料をできるだけ注意深く管理して育てることにより，誤差を少なくして実験の精度を高める必要がある．しかし，どんなに均質な材料を用いて，どんなに厳密に管理した環境で育てても，偶然の誤差によるばらつきが生ずる．つまり，生物実験でとられる標本データは統計的事象であり，一定の確率分布をする．

　そこで，偶然の誤差によるばらつきに対して，ある処理によって生ずる差異（あるいはばらつき）が有意に大きいか否かを一定の確率で判定することが，統計分析のねらいの一つである．

　ここでは，確率の定義と考え方を学ぶとともに，理論的確率を求めるために必要ないろいろな確率分布（あるいは確率密度関数）について解説する．確率分布をあらわす複雑な数式にこだわる必要はなく，確率分布の特徴と統計的検定に用いる方法を習得すれば十分である．

　実験者自身が確率分布を積分して理論的確率を計算する必要はなく，主要な確率分布（正規分布，t分布，F分布，χ^2分布など）による理論的確率は，周知の知見として統計表に記載されており，統計的検定に直接必要な確率の計算結果は，本書の付表にも示されている．

1. 確　　率

　確率とは，ある事象（事柄や現象）が起こる確からしさの程度（割合）をいう．例えば雨の降る確率が 20 % であることを，P（降雨）＝ 0.2 と表現する．

　確率には，理論的確率（または古典的確率）と経験的確率（統計的確率）とがある．理論的確率は，次の式で計算することができる．

理論的確率 $P(E)$ ＝事象 E が起こる度数 $n(E)$ ／考えられる全度数 (N)
$$(3-1)$$

　例えば，コインを投げて表の出る理論的確率は，表の出る度数 1 を表と裏のいずれかが出る度数 2 で割って，$1/2 = 0.5$（または＝ 50 %）となる．また，サイコロを振って 1 の目の出る理論的確率は，1 が出る度数 1 を全度数 6 で割って，$1/6 ≒ 0.167$（または約 16.7 %）となる．

　経験的確率は，次の式で計算される．

経験的確率 $P(E)$ ＝事象 E が観測された度数 $f(E)$ ／全観測度数 F
$$(3-2)$$

　サイコロを実際に 20 回投げて，8 回偶数が出た場合，偶数の目が観測される経験的確率は，$8/20 = 0.4$（または，40 %）と計算される．あるいは，コインを実際に 50 回投げて，32 回表が出たとすると，表の出た経験的確率は，$32/50 = 0.64$（または 64 %）と計算できる．

　理論的確率を求めるには，順列や組合せの計算の仕方を知っておく必要がある．幾つかのもののうち，二つ以上のものを 1 列に並べる配列の仕方を順列という．例えば，n 個のイネ品種の中から，i 個の品種を選んで 1 列に並べる方法は，次の順列で計算できる．

$$_nP_i = n!/(n-i)! \qquad (3-3)$$

　この式の $n!$ は n の階乗と読み，その値は，$n×(n-1)×(n-2)×\cdots$

×2×1で計算できる．例えば，五つの品種の中から三つを選んで，1列に並べる方法は，$_5P_3 = 5！/（5-3）！= 5！/2！= 5×4×3 = 60$通りある．

次に，n個の互いに区別できるものの集まりの中からとったi個のものの順序を無視した組を組合せといい，その数は次式で計算できる．

$$_nC_i = n！/（n-i）！i！ \tag{3-4}$$

例えば，5品種の中から3品種を組み合わせるやり方は，$_5C_3 = 5！/（5-3）！3！= 5×4/2×1 = 20/2 = 10$通りとなる．

2．確率分布（確率密度関数）

自然現象や社会事象の多くが統計的事象（統計学の分析対象となる事柄や現象）であり，統計的事象は一定の確率分布をする．確率分布にしたがって変化する変数を確率変数という．確率変数には，離散的変数と連続的変数とがある．

離散的確率変数とは，サイコロの目や硬貨の表と裏のように，整数値の範囲で不連続に変化する確率変数で，離散的確率分布（離散分布）をする．植物の形質の中では，色や形などの質的形質の観測結果も整数値に置き換えて離散的変数と見なすことができる．

連続的確率変数とは，植物の草丈，果実の目方，作物の生育期間など長さ，重さ，時間などの実数値で連続的に変化する確率変数で，連続的確率分布（連続分布）をする．

離散的確率分布としては，二項分布やポアソン分布，連続的確率分布としては，正規分布，χ^2分布，F分布などがある．

3．二項分布

二項分布は，代表的な離散的確率分布（離散分布）の一つである．2種類のどちらか一方しか起こらないベルヌーイ（Bernoulli）事象は，二項分布に従う．例えば，雌と雄，黒と白，色や毛の有無，表と裏など動植物の発現する

形質で，この事象に属するものは少なくない．

ベルヌーイ事象を起こさせたり観察したりする試みをベルヌーイ試行という．n 回のベルヌーイ試行で，特定の事象が x 回起こる（あるいは観察される）確率は，次式から求めることができる．

$$f(x) = {}_nC_x p^x (1-p)^{n-x} \tag{3-5}$$

この式で示される確率密度を $x=0$ から $x=n$ まで積算すると，$\sum_{x=0}^{x=n} {}_nC_x p^x (1-p)^{n-x} = \{p+(1-p)\}^n = 1$ となり，全頻度（確率）を合計すると，1 となることがわかる．この確率密度関数は，二項式 $\{p+(1-p)\}^n$ を展開して得られることから，二項分布と呼ばれている．この分布の母平均は，$\mu = np$ であり，母分散は，$\sigma^2 = np(1-p)$ である．

例えば，イネのうるち品種ともち品種を交配して，メンデルの法則にしたがって，うるち粒ともち粒とが 3:1 に分離している大きな F_2 種子集団の中から，ランダムに 5 粒を選んだ時に，3 粒がうるちで 2 粒がもちである確率は，(3-5) 式により，${}_5C_3 (3/4)^3 (1/4)^2 = (5!/3!2!)(3/4)^3 (1/4)^2 = 10 \times 0.422 \times 0.0625 = 0.264$ となり，約 26.4% であることがわかる．

4．ポアソン分布

ベルヌーイ試行において，確率 p が極めて小さく，試行回数が十分に大きい時によく当てはまる確率分布である．確率密度関数は，次の式であらわされる．

$$f(x) = e^{-\mu} \mu^x / x! \tag{3-6}$$

この確率分布の母平均は，$\mu = np$ であり，母分散は，$\sigma^2 = np$ である．

ところで，二項分布とポアソン分布を比較してみよう．標本数が 4 で，$p = 0.5$ の時は，平均が 2 で分散が 1 の左右対称の二項分布となる．ところが，$p = 0.1$ の時は，平均が 0.4 で分散が 0.36 となり，左に歪んだ分布となる．この分布は，平均も分散も 0.4 のポアソン分布に近い．このことからも，事象の

図 3.1　二項分布

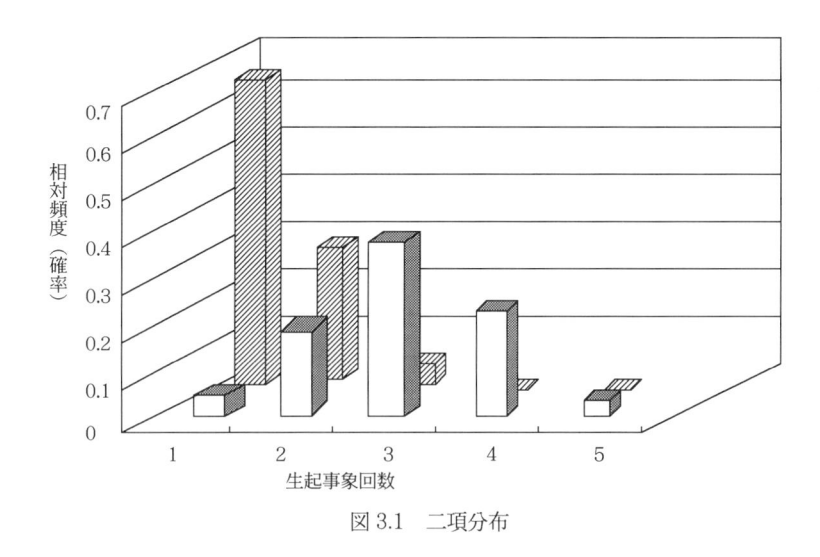

　確率が小さく，標本数（あるいは試行回数）が多い時は，二項分布よりはポアソン分布がよく当てはまることが理解できよう．

　図 3.1 は，二項分布であるが，手前の白影付柱が $p = 0.5$ の時の頻度分布であり，奥の斜線柱が $p = 0.1$ の時の頻度分布である．前者は左右対称であるが，後者は左に歪んだ分布となり，ポアソン分布に類似してくる．

5．正規分布と標準正規分布

　自然現象や社会事象の中で多くの要因による誤差を伴う変数は，正規分布をする場合が多く，元の変数が正規分布によらない場合でも，標本平均は，正規分布に従うようになることが知られている．こうした意味で正規分布は，最も普遍的な連続的確率分布（確率密度関数）の一つである．

　正規分布は，中心を決める母平均 μ と散らばり具合をあらわす母分散 σ^2 の 2 種類の母数（パラメータ）によって特徴付けられる釣り鐘型の左右対称の確率分布（確率密度関数）である．このため，母平均 μ，母分散 σ^2 の正規分布を簡単に $N(\mu, \sigma^2)$ と書くこともある．この分布に従う確率変数は，実数値をとり，確率変数 x が $x_a \leq x \leq x_b$ の範囲に入る確率は，確率密度関数 $f(x)$

を x_a から x_b まで積分して求められる.

$$f(x) = (1/\sqrt{2\pi}\sigma)\, e^{-(x-\mu)^2/2\sigma^2} \qquad (3-7)$$

ところで，$Z = (X - \mu)/\sigma$ として，母平均 μ と母標準偏差 σ を使って変換（標準化）した変数 Z は，無名数（単位をもたない変数）となり，平均値が 0 で，分散が 1 の標準正規分布：$N(1, 0)$ に従う．要するに，変数 X が正規分布：$N(\mu, \sigma^2)$ をするとき，標準化された変数 $Z = (X - \mu)/\sigma$ は，標準正規分布：$N(0, 1)$ をする．

標準正規分布は，下の (3-8) 式であらわされる．正規分布と標準正規分布の関係は，図 3.2 に示す通りである．両分布の間には次のような関係がある．

① 標準化された変数 Z は，もとの変数 X の母平均 μ からの偏差 $(X - \mu)$ を標準偏差 (σ) の倍数としてあらわしたものである．

② 正規変数 X が X_a より大きくなる $(X \geq X_a)$ あるいは小さくなる $(X < X_a)$ 確率を α とすると，標準化変数 Z が $Z_a = (X_a - \mu)/\sigma$ より大または小 $(Z \geq Z_a$ あるいは $Z < Z_a)$ となる確率も α となる．

③ このため，付表 2 に示されている標準正規分布の確率から，例えば，有意水準が 5%（あるいは 1%）の値 $Z_{0.05}$ から，有意水準 5%（あるいは 1%）の X の値 $X_{0.05} = \mu \pm \sigma Z_{0.05}$ を求めることができる．

標準正規分布の確率密度関数は，次の式であらわされる．

$$f(z) = (1/\sqrt{2\pi})\, e^{-z^2/2} \qquad (3-8)$$

正規分布：$N(\mu, \sigma^2)$ と標準正規分布：$N(0, 1)$ との間には，図 3.2 のような関係がある．

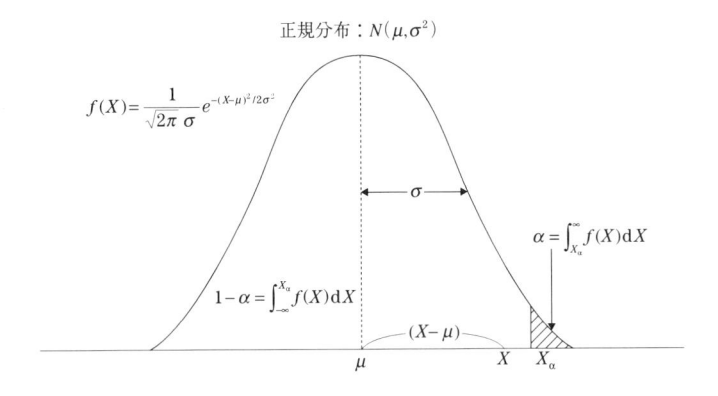

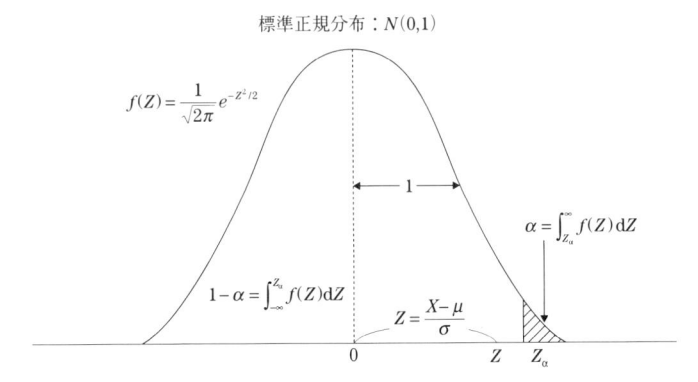

図 3.2 正規分布と標準正規分布の関係

6. Student の t 分布

　どんな分布をする母集団から抽出された標本であっても，標本平均 (Xm) を標準化すると，$(Xm - \mu)/s_{Xm}$ は，Student の t 分布に従うことが知られている．この分布は，W. S. Gosset (1908) により発表された．この論文は，Student というペンネームで書かれたため，Student の t 分布と呼ばれている．

　t 分布は，標準正規分布：$N(0, 1)$ に類似する確率分布であり，この分布の形は自由度によって変化する．すなわち，自由度が小さいと歪んだ分布となり，自由度が大きくなると次第に標準正規分布に近づき，自由度が無限大に

なると t 分布は,標準正規分布となる. $t = (Xm - \mu)/s_{Xm}$(ただし,$s_{Xm} = s/\sqrt{n}$)とすると,t は次の確率分布に従う.

$$f(t) = [\Gamma\{(\lambda+1)/2\}(1+t^2/\lambda)^{-(\lambda+1)/2}/\Gamma(\lambda/2)\sqrt{\lambda\pi} \tag{3-9}$$

ただし,λ は自由度,$\Gamma(\lambda) = \int_0^\infty x^{\lambda-1} e^{-x} dx$ である.

t 分布は,母平均 $\mu = 0$,母分散 $\sigma^2 = \lambda/(\lambda-2)$ をもつ. $Z = (Xm - \mu)/\sigma\sqrt{n}$ が標準正規分布 $N(0, 1)$ をするのに対して,$t = (Xm - \mu)/s/\sqrt{n}$ は,$N(0, 1)$ によく似た Student の $t(\lambda)$ 分布をする. 自由度 $\lambda \leq 2$ では,t 分布は存在せず,$\lambda \to \infty$ では,$\sigma^2 \to 1$ となる.

この分布は,二つの標本平均値の有意性の検定や,平均値の区間推定などによく用いられるが,(3-9)式に示した複雑な確率密度関数に煩わされる必要はない. 統計検定に必要な有意水準の t 分布の確率は,付表3に示した.

7. χ^2 分布

正規分布:$N(\mu, \sigma^2)$ をする母集団から無作為に抽出された,標本変数 X とその平均値 Xm の偏差を母標準偏差で割った標準正規変数 $Z = (X - Xm)/\sigma$ の平方和 $\Sigma_i Z_i^2$ は,自由度 λ の χ^2 分布:$C(\lambda)$ をする.
$\chi^2 = \Sigma_i Z_i^2 = \Sigma_i (X_i - Xm)^2/\sigma^2 = (n-1)s^2/\sigma^2$ は,次の確率分布をする.

$$f(\chi^2) = \{(\chi^2)^{(\lambda/2)-1}/2^{\lambda/2}\Gamma(\lambda/2)\} e^{-\chi^2/2} \tag{3-10}$$

この分布の母平均は,$\mu = \lambda$ で,母分散は,$\sigma^2 = 2\lambda$ となり,自由度 λ のみで決まる. この複雑な確率分布についても,数式に煩わされる必要はない. 統計検定に必要な確率は,付表6にあるので利用できれば十分である.

χ^2 分布は,母分散が理論的にわかっている場合,観測値と理論値の一致程度を検定するのに利用されることが多い. 例えば,メンデルの法則により遺伝する形質の分離比の観測値が,一定の有意水準で理論値に合っているか

否かを統計的に検定する時などによく用いられる．

8．F 分布

母分散 σ^2 を標本分散 s^2 で推定できる場合, $t=(X-Xm)/s$ は, t 分布 $t(\lambda)$ をすることは, すでに述べた．自由度 λ の t 値の2乗は, 分子の自由度1, 分母の自由度 λ の F 値となる．すなわち, $t^2(\lambda)=F(1,\lambda)$ の関係にある．この関係をさらに一般化すると, 自由度 λ の標本分散と自由度 ν の標本分散の比 $F=s_1^2/s_2^2$ は, 分子の自由度 λ と分母の自由度 ν をもつ下記のような F 分布をする．

$$f(F)=(\lambda/\nu)^{\lambda/2} F^{(\lambda/2)-1}\{1+(\lambda/\nu)F\}^{-(\lambda+\nu)/2}/B(\lambda/2, \nu/2)$$
(3-11)

λ と ν は, 分子と分母の標本分散の自由度, $B(\lambda/2, \nu/2)=\int_0^1 x^{(\lambda/2)-1}(1-x)^{(\nu/2)-1}dx$ は, ベータ関数である．

この分布の母平均は, $\mu=\nu/(\nu-2)$ であり, 母分散は, $\sigma^2=2\nu^2(\lambda+\nu-2)$ となり (ただし, $\nu>4$), 自由度のみの関数となっている．F 分布は, 分散分析などにおける分散比の有意性の検定によく用いられる．統計検定に必要な範囲の F 分布の確率は, 付表4に示してある．

9．演習問題

1) イネの粳 (うるち) 品種ともち (糯) 品種を交配して得られる雑種1代 (F_1) 植物に結実する F_2 世代の種子には, うるち粒ともち粒とが3:1に分離する．この種子集団の中から, 10粒の種子をランダムに取り出したとき, 5粒がうるちで他の5粒がもちである確率を計算せよ．

2) あるダイズ品種の60株のランダム標本の着莢数を調べた結果, 平均が57.8で, 標準偏差が6.3であった．これらのデータから, 70以上の莢を着ける株が得られる確率を求めよ．

第4章　統計的検定

　生物実験で得られる観測値は，偶然による誤差の範囲で変動し，確率分布する．そして，実験や調査によって得られる観測値は，母集団からランダムに抽出された標本データであると仮定する．異なる母集団から取り出された標本平均の差や標本データのばらつき（標本分散）が偶然の誤差による差異やばらつきに比較して大きいか小さいかを判定したり，あるいは，実験による処理の効果や因子の影響による分散が誤差分散に比較して有意に大きいか否かを判断するために，統計的検定が行われる．

　統計的検定では，人為的な処理や環境因子により生ずる差異や分散を標準誤差や誤差分散と比較する．二つだけの平均値の比較は，Student の t 検定，三つ以上の平均値の比較は，Duncan の多重比較検定（ダンカン検定）が用いられる．また，分散分析では要因や処理による分散と誤差分散の比率をとって，F 検定が行われる．さらに，遺伝的分離を調べる時のように，母分散（分散の期待値）がわかっている場合には，観測値と理論値の偏差平方和を用いた χ^2 検定が用いられる．

　処理や因子によって観測値が変化することを期待して生物実験は行われるが，統計的手法では，「処理による差異はない」という帰無仮説（棄却すること，すなわち，無に帰することを期待して立てられる仮説）を立てるならわしになっている．そして，統計的検定により帰無仮説が棄却されたときに，「処理による差異がある」と判断する．

　生物実験で得られる観測値は，確率分布するという仮定に基づいて，帰無仮説の統計的検定が行われる．この統計的検定では，データから計算した統計量（平均値や分散）から，処理（あるいは要因）により変化した平均値と標準誤差との比率 $\{t=(Xm-\mu)/s_{Xm}\}$ あるいは処理による分散 $(s_T{}^2)$ と誤差分散 $(s_E{}^2)$ の比率 $(F=s_T{}^2/s_E{}^2)$ を計算する．これらの t や F の値は，一定の確率分布（t 分布や F 分布）に従う．そこで，t や F の計算値（t_c や F_c）が t 分布や F 分布から求まる有意水準 α における t や F の理論値（t_α や F_α）より大きく

なれば,すなわち,$t_c > t_a$ あるいは $F_c > F_a$ であれば,帰無仮説 ($t=0$ または $F=1$)を棄却する.逆に,$t_c \leq t_a$ あるいは $F_c \leq F_a$ であれば,帰無仮説は棄却できないことになる.このような判断をしたときに,誤りをおかす危険率(確率)が有意水準であると言える.

1. データの標準化

確率変数 X が正規分布:$N(\mu, \sigma^2)$ をするとき,それを標準化した変数 $Z = (X-\mu)/\sigma$ は,標準正規分布:$N(0, 1)$ に従う.同様に,観測される変量 X が正規分布:$N(Xm, s^2)$ に従う時,標準化された変数 $t = (X-Xm)/s$ は,Student の $t(\lambda)$ 分布(λ は自由度)をすることが知られている.Student の t 分布は,自由度 λ により分布の形が変わる.そして,自由度 $\lambda \to \infty$ のとき,$t(\infty)$ 分布は標準正規分布となる.$t(\infty) = Z$ となる.

標本データから求められる平均値 Xm と標準偏差 s を用いて観測値を $t = (X-Xm)/s$ に変換することを標準化という.この標準化された値は,平均値からの偏差 $X - Xm$ を標準偏差 s の倍数としてあらわしており,観測値の測定単位に関わらない無名数となる.

観測データと標準化されたデータとの間には,図3.2のような関係があることはすでに説明した.この図から,正規分布:$N(\mu, \sigma^2)$ する変数 X がある特定の値 X_a より大きくなる確率を α とすると,その変数 X を標準化した変数 $Z = (X-\mu)/\sigma$ が Z_a よりも大きくなる確率も α となる.同様な関係が,正規分布:$N(Xm, s^2)$ する標本変数と,それを標準化した t 値,$t = (X-Xm)/s$ が従う t 分布との間にも当てはまる.したがって,統計量(Xm や s^2)が変わる度に,確率密度関数(正規分布)を積分して,確率の計算をしなくても,標本データから計算される平均値(Xm)と標準偏差(s)を使い標準化して t 値を計算し,統計表に収録されている Student の t 分布から確率を求めることができる.つまり,観測値から直接に確率を計算しなくとも,標準化された t 値から,間接的に確率を求めることができる.

例えば,正規分布する母集団から無作為に取り出された標本数20のデータから計算された平均値と標準偏差がそれぞれ,$Xm = 10$ 並びに $s = 4$ であると

する．そこで，Studentのt分布表から，1％有意水準における自由度19の値 $t_{0.01} = 2.861$ を求め，tの計算値 $\{t_c = (X - 10)/4\}$ が $t_{0.01} = 2.861$ より大きくなる確率は，1％以下であることがわかる．この $P\{t_c > 2.861\} \leq 0.01$ の関係から，$t_c = (X - 10)/4 > t_{0.01} = 2.861$，すなわち，標本データの値が 21.44 よりも大きくなる（$X > 21.44$ となる）確率が1％以下となる．このようにして，データの値を標準化することにより，t分布表の確率から有意水準1％（あるいは5％）におけるデータの臨界値 $X_{0.01}$（これよりデータ値が大きくなる確率が1％以下）を間接的に求めることができる．

2．平均の区間推定

平均Xmだけしか求められていない場合，その値が母平均μの最良の推定値となる．このように計算された平均だけから，母平均を推定することを点推定という．これに対して，一定の確率で母平均が含まれる範囲を推定することを区間推定といっている．区間推定にあたっては，まず，n個の標本の観測値 $X_1, X_2, \cdots X_i \cdots X_n$ から，平均値 $Xm = \Sigma_i X_i / n$ と平均値の標準偏差（標準誤差）$s_{Xm} = \sqrt{\Sigma_i(X_i - Xm)^2/n(n-1)}$ を計算する．$t = (Xm - \mu)/s_{Xm}$ の関係から，$-t_\alpha \leq t \leq +t_\alpha$ となる確率が $1 - \alpha$ となる t_α を t 分布表から求める．この不等式に $t = (X - Xm)/s$ を代入して整理すると，$Xm - t_\alpha s_{Xm} \leq \mu \geq Xm + t_\alpha s_{Xm}$ となる確率が $1 - \alpha$ となることがわかる．すなわち，$1 - \alpha$ の信頼度における母平均μの区間推定域は，$Xm \pm t_\alpha s_{Xm}$ となる．$t_\alpha s_{Xm}$ がいわゆる最小有意差（LSD）と呼ばれている．

例えば，温室で栽培した20株のトマトの果実収量が次の通りであったとする．

1.38, 0.84, 1.41, 1.22, 1.07, 0.67, 1.75, 1.62, 1.77, 0.98,
1.20, 1.03, 0.78, 1.25, 1.04, 1.22, 1.22, 0.84, 1.63, 1.69

これらのデータから，合計と平方和は，それぞれ $\Sigma X = 24.6$，$\Sigma X^2 = 32.41$ となる．これらから，平均値 $Xm = 1.23$ ならびに偏差平方和 $\Sigma X^2 - (\Sigma X)^2/20 = 32.41 - 30.26 = 2.15$ が求まり，偏差平方和を自由度（20 − 1 = 19）でわって分散 $s^2 = 0.1133$，標準誤差（平均値の標準偏差）$s_{Xm} = 0.0753$

などを計算することができる．そこで，自由度19に対応する5％有意水準のt値を付表3から調べると，$t(19)_{0.05} = 2.093$であるから，最小有意差は，$t(19)_{0.05} \times s_{Xm} = 0.1576$となる．したがって，95％の確率で$1.23 \pm 0.158$の区間に母平均が含まれると推定される．

区間推定の原理を応用して，農産物や種苗の品質管理を行うことができる．例えば，カーネーションの苗の出荷時の葉齢を平均7.5とし，95％の信頼度で変異係数を5％以内に留めたいとき，どのような品質管理を行えばよいであろうか．

変動係数$CV = s/Xm = 0.05$であるから，標準偏差は，$s = 0.05 \times 7.5 = 0.375$となる．20本の標本苗を無作為にとり出すとすると，標本平均の標準誤差は，$s_{Xm} = 0.375/\sqrt{20} = 0.0839$となる．そこで，自由度19に相当する有意水準5％のt分布の値は，$t_{0.05} = 2.093$であるから，$Xm \pm t_{0.05} \times s_{Xm} \fallingdotseq 7.5 \pm 0.18$となり，無作為に取り出される20本の苗標本の葉齢平均値を7.32～7.68の範囲におさめれば，カーネーション苗の所期の品質は，95％の信頼度で保証できることになる．

3．二つの平均値の差の検定（t検定）

異なる母集団から抽出された標本データから計算される二つの平均値（Xm_1とXm_2）の間の差の有意性検定のためには，それぞれの標本から計算される標準誤差（s_{Xm_1}とs_{Xm_2}）を用いて，次の式でt値を計算する．二つの平均値の差の分散は，それぞれの平均値の分散の和となる．

$$t = (Xm_1 - Xm_2) / \sqrt{s_{Xm_1}^2 + s_{Xm_2}^2} \qquad (4-1)$$

この場合，t分布の母平均は0であることから，$Xm_1 - Xm_2 = 0$すなわち，$Xm_1 = Xm_2$とする帰無仮説を設定して統計的検定を行う．上式の計算された値t_cがt分布表の値よりも有意に大きければ，帰無仮説は棄却され，$Xm_1 \neq Xm_2$と結論される．

表4.1は，2種類のトマトの品種を東西に長い温室に2列に並べて植え，そ

れらの株当たり果実収量を記録したデータである．両品種の間の平均果実収量の差異を検定するには，二つの方法がある．一つは，「栽植位置を考慮しない収量平均値の有意差の検定」であり，もう一つは，「栽植位置別（位置を考慮した）収量差の有意性の検定」である．

表4.1　2品種のトマトの株収量の比較
（Mather，1951　一部修正データ）

栽植位置	品種1	品種2	位置計	位置間差異
1	1.38	1.03	2.41	0.35
2	1.41	1.22	2.63	0.19
3	1.07	0.98	2.05	0.09
4	1.75	1.62	3.37	0.13
5	1.77	1.69	3.46	0.08
6	1.20	0.67	1.87	0.53
7	0.78	0.84	1.62	−0.06
8	1.04	0.84	1.88	0.20
9	1.22	1.25	2.47	−0.03
10	1.63	1.22	2.85	0.41
合計	13.25	11.36	24.61	1.89
平均	1.325	1.136	1.231	0.189
分散	0.0952	0.0996	---	0.0326

まず，栽植位置を考えに入れない収量平均値の有意性の検定を行う．両品種の平均値の差 $Xm_1 - Xm_2$ は，0.189 であり，その標準誤差は，$\sqrt{s_{Xm_1}^2 + s_{Xm_2}^2} = \sqrt{(00952+0.0996)/10} = 0.140$ となる．そこで，自由度 $2 \times (10-1) = 18$ の t 値を計算すると，$t_c = (1.325 - 1.136)/0.140 = 0.189/0.140 = 1.35$ となる．

一方，t 分布表の自由度18の5％水準の値 $t(18)_{0.05} = 2.10$ である．この値と比較すると，$t_c = 1.35 < t(18)_{0.05} = 2.10$ であることから，帰無仮説 $Xm_1 = Xm_2$ は棄却できない．したがって，「品種Aと品種Bの間には株当たりの果実収量に差異があるとは言えない」つまり，「二つの品種の平均値は実質的に等しい」という結論になる．

次に，栽植位置別（栽植位置を考慮した場合）の収量差の有意性検定を行う．温室内のトマトの栽植位置ごとに求めた両品種の差の平均値（Xm_d）と分散（s_d^2）を計算すると，$Xm_d = 0.189$ および $s_d^2 = 0.0326$ となり，標準誤差は，$s_{md} = 0.0571$ となる．したがって，$t_c = 0.189/0.0571 = 3.31$ が求まり，t 分布表の自由度9の5％有意水準の値 $t(9)_{0.05} = 2.26$ と比較すると，$t_c = 3.31 > t(9)_{0.05} = 2.26$ となり，帰無仮説（$Xm_1 = Xm_2$）は棄却され，「品種Aと品種Bの間には，5％水準で有意な差異がある」という結果になる．

同じ t 検定であるにもかかわらず，検定の仕方によって結果が異なる理由

を考えてみよう．両法とも計算で求められる t 値の分子は，両品種の平均値の差と位置間差の平均であり 0.189 と同じ値である．しかし，分母となる標準誤差は栽植位置を考慮しない場合，$s_{Xm_1-Xm_2} = \sqrt{s_{Xm_1}^2 + s_{Xm_2}^2} = 0.140$ であるのに対して，栽植位置を考慮する場合，$s_{md} = 0.057$ となり，t 検定のための標準誤差は半分以下である．

この違いは，実は温室に植えられた位置により環境に違いがあり，対応する位置のトマトの生育に共通的な影響を与えたと見ることができる．その結果，植え付け位置を無視して両品種内分散をプールした値が 0.1948 であるのに対し，植え付け位置別の差の分散は 0.0326 と小さくなっている．このことから，温室内の植え付け位置により環境が異なり，同一位置に栽植されたトマトの生育に共通する環境効果が働いたと考えられる．

このことは，品種 1 の計測値を X 軸に，品種 2 の計測値を Y 軸にプロットして作成した相関図から，読みとることができる．図 4.1 から分かる通り，品種 1 と品種 2 の栽植位置別収量には，$r = 0.833$ という高い相関関係がみられる．4 や 5 の位置に植えられたトマトは両品種とも高い収量をあげ，7 や 8 の

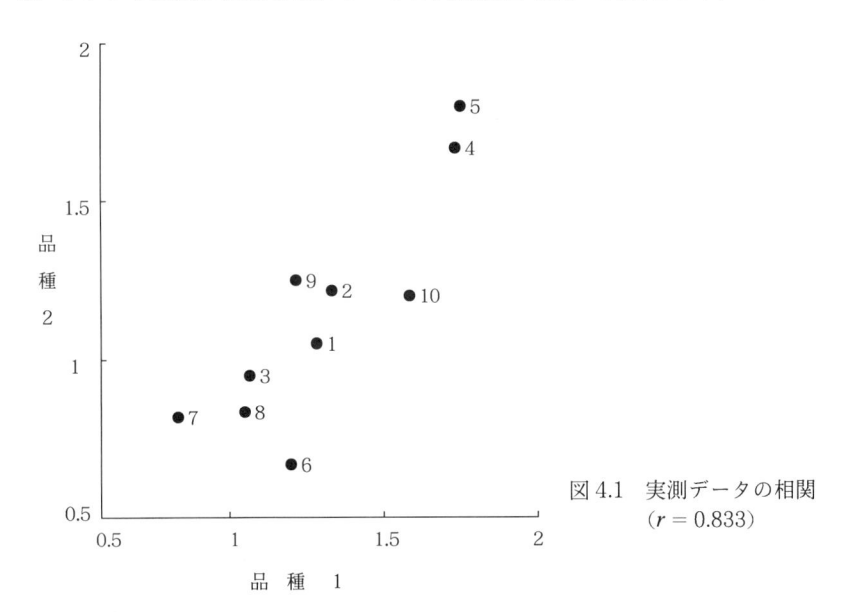

図 4.1 実測データの相関 ($r = 0.833$)

位置では，両品種とも収量が低い．このように，栽植位置による環境の違いがデータの分散を拡大している．栽植位置を考慮しないで品種内分散をプールして誤差分散とすると，位置の違いによって生ずる分散が誤差分散を増大させる結果となる．これに対して，栽植位置ごとの品種間差から計算される誤差分散には，位置の違いによる分散が含まれないため，誤差分散が縮小される．

以上の試算結果からわかる通り，実験の計画とデータの分析法とは不可分な関係にあり，実験計画に合った分析と検定が必要である．

4．三つ以上の平均値の多重比較検定（ダンカン検定）

二つの平均値の差の検定には，(4－1)式で計算されるt値の$t_c = (Xm_1 - Xm_2)/\sqrt{s_{Xm_1}^2 + s_{Xm_2}^2}$を用いた．$s_{Xm_1}^2 = s_{Xm_2}^2 = s_{Xm}^2$で両品種が共通の分散$(s_{Xm}^2)$を持つ場合，$s_{Xm_1}^2 + s_{Xm_2}^2 = 2s_{Xm}^2$で，$t_c = (Xm_1 - Xm_2)/\sqrt{2s_{Xm}}$となる．そして，$t_c \geq t(\lambda)_a$｛ただし，$t(\lambda)_a$は，$t$表の有意水準$\alpha$における自由度$\lambda$の$t$値｝であれば，$(Xm_1 - Xm_2)/\sqrt{2s_{Xm}} \geq t(\lambda)_a$となり，$Xm_1 - Xm_2 \geq t(\lambda)_a\sqrt{2s_{Xm}} > 0$で，有意水準$\alpha$で帰無仮説$(Xm_1 = Xm_2)$が棄却され，$Xm_1 \neq Xm_2$と判定できる．

しかし，三つ以上の平均値の間で想定される全ての比較対の有意差検定を同様な方法で行うと，判定が甘くなり過ぎて，実際には差異が存在しないのに「有意差あり」と判定してしまう危険が生ずる．そこで，Duncan (1953) は，$\sqrt{2t(\lambda)_a}$の代わりに，少し大きめのSSR（有意スチューデント化範囲，ダンカン係数）を計算して表として提出し，これらに標準誤差s_{Xm}を乗じてLSR（最小有意範囲）を求め，これらを用いて三つ以上の平均値間の有意性を判定するいわゆる多重比較検定の方法を提起した．今日では，三つ以上の平均値間の有意差の検定には，LSD（最小有意差）ではなく，Duncanの提案した最小有意範囲（LSR）が広く用いられるようになった．

Duncanの多重比較検定は，次のような手順で行われる．まず，ダンカン係数（SSR）から，誤差の自由度λに対応する，n個の平均値のうち比較される範囲（2～n）のSSR値，すなわちSSR2，SSR3，……SSRnを引きだす．な

お，同一の有意水準 α では，自由度 λ の SSR2 が $\sqrt{2}\, t(\lambda)_\alpha$ に等しくなる．それぞれの SSR 値に標準誤差 s_{Xm} を乗じて最小有意範囲（LSR 値），LSR2，LSR3，‥‥ LSRn を求める．

まず，例えば比較する 9 個の平均値を大きさの順に並べて，1 番目の平均値 (Xm_7) と 2 番目の平均値 (Xm_2) を比較し，$Xm_7 - Xm_2 <$ LSR2 ならば，Xm_7 と Xm_2 の間には有意差なしとみて，両平均値に同じ英文字 a を付ける．次に，1 番目の平均値 (Xm_7) と 3 番目の平均値 (Xm_8) とを比べて，$Xm_7 - Xm_8 \geqq$ LSR3 なら有意差ありとみなして，3 番目の平均値に異なる英文字 b を付ける．さらに，2 番目の平均値 (Xm_2) と 3 番目の平均値 (Xm_8) とを比較して，$Xm_2 - Xm_8 <$ LSR2 なら，両者間に有意差なしとみて，3 番目の平均値 (Xm_8) は，a 文字もつける．逆に，$Xm_2 - Xm_3 \geqq$ LSR3 なら有意差ありと判定する．以下同様にして，全ての対について有意性を検定し，有意差のない平均値には同じ英文字を付け，有意差のある平均値には異なる文字を付ける．

平均値	$Xm_7 \geqq$	$Xm_2 \geqq$	$Xm_8 \geqq$	$Xm_5 \geqq$	$Xm_3 \geqq$	$Xm_6 \geqq$	$Xm_1 \geqq$	$Xm_4 \geqq$	Xm_9
検定	a	a	a						
結果			b	b	b	b			
表示						c	c	c	c

大きさの順に並べられた平均値には，上に示したように英文字が付けられる．英文字を付して平均値をもとの順序に並べ変えて，検定結果を次のように表示する．

平均値	Xm_1	Xm_2	Xm_3	Xm_4	Xm_5	Xm_6	Xm_7	Xm_8	Xm_9
有意性		a					a	a	
検定			b		b	b		b	
結果	c			c		c			c

5. 分散比の F 検定

観測データから計算される平均値 (Xm) と標準偏差 (s) により標準化された値 $t = (X - Xm)/s$ は，自由度 λ の $t(\lambda)$ 分布をする．一方，自由度 λ_1 と λ_2 をもつ2セットの観測データから計算される分散 $s_1{}^2$ と $s_2{}^2$ の比 $(s_1{}^2/s_2{}^2)$ は，$F(\lambda_1, \lambda_2)$ 分布をすることが知られている．t 分布と F 分布の間には，次のような関係がある．$t(\lambda)^2 = F(1, \lambda)$，すなわち，自由度 λ の t 値の2乗は，分子の自由度1で分母の自由度が λ の F 値に等しい．

表4.1の温室に栽培したトマトの果実収量の品種間差異は，2種類の異なる t 検定により有意性を確かめることができた．これに対応して，2種類の異なる分散分析により，品種間分散の有性を F 検定により調べることができる．

まず，栽植位置の対応関係を無視して行った t 検定と同様に，同一品種内の10の観測値を単なる繰り返しとみなして，表4.2に示したように一重分類データ（第7章参照）として，分散分析を行うことができる．

この分析では，品種間分散に自由度1を，品種内分散をプールして誤差分散として，9+9=18 の自由度を割りふる．品種分散を誤差分散で割って，$F_c = 1.65$ を求め，有意水準5％における分子の自由度1，分母の自由度18の F 表の値 $F_{0.05}(1, 18) = 4.41$ と比較する．$F_c = 1.65 < F_{0.05}(1, 18) = 4.41$ であることから，帰無仮説（品種分散＝誤差分散）は棄却できず，品種分散は誤差分散より有意に大きいとは言えない．したがって，二つのトマト品種の果実収量には，有意な差異は認められない．この分析結果は，t 値を用いた「栽植位置を考慮しない収量平均値の有意差の検定」の結果と一致する．

表4.2 栽植位置を考えない一重分類データとしての分散分析結果

要因	偏差平方和	自由度	分散	F 値
品種	0.1786	1	0.1786	1.65NS
誤差	1.9481	18	0.1082	---
全体	2.1267	19	---	---

次に，栽植位置による対応関係があるとみなして，二元配置実験による二重分類データ（第8章参照）として分散分析を行うと，表4.3の通りの結果となる．この分散分析では，品種分散に自由度1，位置の効果によ

る分散に自由度 9, 品種と位置の相互作用効果による分散を誤差分散として自由度 9 を割りつけている.

　この表の分析では,品種分散を誤差分散で割って得られる分散比 F_c = 0.1786／0.0181 = 9.87 が, F 分布表の有意水準 5 ％と 1 ％における分子自由度 1, 分母自由度 9 にあたる値 $F(1, 9)_{0.05}$ = 5.12 と $F(1, 9)_{0.01}$ = 10.56 との間にあることから,品種の分散は 5 ％水準で有意に誤差分散より大きいと判定できる. このことは, 品種平均の間に 5 ％水準で有意差があることを意味している.

　また, 位置の分散と誤差分散の比は, F_c = 0.1983／0.0181 = 10.96 となり, 1 ％水準の F 表の値 $F(1, 9)_{0.01}$ = 10.56 よりも大きいので, 位置分散は, 1 ％水準で誤差分散よりも有意に大きいと判断できる. このように位置分散が有意に大きいということは, 温室内の栽植位置により, トマトのでき方が違っていることをあらわしている. このことは, 図 4.1 に示した栽植位置間の相関が高いこととも関連付けて考えることができる. 分散比に関する F 検定の結果, 品種分散が 5 ％水準で, 位置分散が 1 ％水準で有意であることがわかった. この分析結果は, t 値を使った「栽植位置別の収量差の有意性の検定」の結果と一致する.

　このように, 分散分析の仕方により結論が違ってくる. 一重分類では, 二つの品種内の分散をプールして誤差分散としている. このため誤差分散が大きくなり, 品種分散との比率が 1.65 で有意とならない. これに対して, 二重分類では, 自由度 9 に相当する位置の効果による分散を分離しているため誤差分散が小さくなり, 品種分散との比率が 9.87 となり, 5 ％水準で有意となる. また, 位置分散は 1 ％水準で有意となっている. つまり, 栽植位置の効果が大きいために, これを無視すると誤差分散が拡大して, 品種間差異の検出精度が低下してしまう.

表 4.3　栽植位置を考慮した二重分類データとしての分散分析

要因	偏差平方和	自由度	分散	F 値	判定
品種	0.1786	1	0.1786	9.87	＊
位置	1.7849	9	0.1983	10.96	＊＊
誤差	0.1631	9	0.0181		
全体	2.1267	19			

6. 理論値との適合度を調べる χ^2 検定

正規分布をする変数 X_i を母平均 μ と母標準偏差 σ を用いて標準化した変数 $Z=(X-\mu)/\sigma$ は，母平均0，母分散1の標準正規分布：$N(0, 1)$ をすること，また，$\chi^2 = \Sigma_i Z_i^2 = \Sigma_i (X_i - \mu)^2 / \sigma^2 = (n-1)s^2/\sigma^2$ は，自由度1の χ^2 カイ2乗分布：$C(n)$ をすることを前章で述べた．したがって，母平均と母分散が理論的にはっきりとわかっている場合，観測値の理論値からのずれを検定するのに χ^2 が用いられる．

例えば，Mendelの遺伝の法則により，イネのうるち性ともち性が分離している F_2 種子集団の中から100粒をランダムに取り出し，78粒のうるちと22粒のもちが観測されたとする．これは，うるち3：もち1の分離比に合っているか否かを確かめる時などに，χ^2 検定を有効に活用できる．

Mendelの遺伝の法則によれば，うるち品種ともち品種の交配による F_2 種子集団では，うるち粒が3/4，もち粒が1/4の確率で出現することが知られている．このような集団から，100粒をランダムに取り出すとき，X 粒がうるちで，$100-X$ 粒がもちとなる確率は，$f(X) = {}_{100}C_X (3/4)^X (1/4)^{100-X}$ となる．これは二項分布であり，うるち粒の母平均は，$\mu = 100 \times (3/4) = 75$ であり，その母分散は，$\sigma^2 = 100 \times (3/4)(1/4) = 18.75$ となる．

そこで，うるち粒の観測数78を母平均75と母標準偏差4.33を使って標準化すると，$Z = (78-75)/4.33$ となり，さらに，$Z^2 = \chi^2 = (78-75)^2/18.75 = 0.48$ となる．この値を自由度（標本数）1の χ^2 値と比較すると，χ^2 が0.48となる確率は0.25〜0.50の間であり，この程度の観測値と理論値の隔たりは，ごくありふれたケースであると見ることができる．

ところで，対応する観測値 (O_i) と理論値 (C_i) の偏差の平方 $(O_i - C_i)^2$ を理論値で割った値の和 $\Sigma_i (O_i - C_i)^2 / C_i$ は，χ^2 分布をする．先のイネのもち・うるちに関するメンデル遺伝の例では，$\chi^2 = (78-75)^2/75 + (22-25)^2/25 = (9/75) + (9/25) = 0.48$ となり，Z を2乗して求めた値と一致する．

そこで，χ^2 値の計算は，i 番目の観測値を O_i とそれに対応する理論値（期待値）を C_i との平方を理論値で割って積算する．

$$\chi^2 = \Sigma_i\,(O_i - C_i)^2/C_i \tag{4-2}$$

このほか，χ^2 検定は均一性，あるいは相互作用の検定にも活用できる．

例えば，Mather（1951）によると，サクラソウの発芽に及ぼす壌土浸透水と雨水の影響を調べた実験において，表4.4に示す通りのデータを得た．

表4.4　サクラソウの発芽におよぼす壌土浸透水の影響（Lawrence & Newell，未発表）

灌水の種類	発芽種子	未発芽種子	合計
壌土浸透水	37	13	50
（理論値）	(34.5)	(15.5)	
雨水	32	18	50
（理論値）	(34.5)	(15.5)	
合計	69	31	100

これらの四つの観測値と周辺の合計値を見ているだけでは，灌漑水種類の違いによって，サクラソウの発芽が影響を受けたか否かを客観的に判断することは難しい．そこで，周辺の合計値を利用して，理論値（カッコ内の数値）を計算する．そして，観測値と理論値のずれを検定すれば，灌漑水が発芽に与えた影響を評価することができる．

周辺の合計から理論値を求めるには，次のような計算を行う．まず，左上の壌土浸透水をかけた場合の発芽種子数に対する理論値は，$50 \times 69/100 = 34.5$ となり，右下の雨水をかけた時の未発芽種子数に対する理論値は，$50 \times 31/100 = 15.5$ となる．

この検定は，観測値の均一性検定とも，また，灌漑水と発芽という二つの因子間の相互作用の検定とも見ることができる．この検定に必要な χ^2 値は，次のようにして求めることができる．

$\chi^2 = \Sigma_i\,(O_i - C_i)^2/C_i = (37 - 34.5)^2/34.5 + (13 - 15.5)^2/15.5 + (32 - 34.5)^2/34.5 + (18 - 15.5)^2/15.5 = 1.169$

この計算値以上の χ^2 が得られる確率を，自由度3に相当する χ^2 分布表から求めてみると，$0.75 \sim 0.90$ の間となる．したがって，表4.4の「データは均一である」，「灌漑水の種類と発芽との間には相互作用はない」，あるいは，「灌漑水の種類により発芽は，影響を受けない」などと考えられる．すなわち，「壌土浸透水がサクラソウの発芽に影響を与えるとは言えない」という結論になる．

7. 演習問題

1) Mendelの遺伝の「独立の法則」によれば，二つの形質は，独立に遺伝するとされた．ところが，BatesonとPunnett (1905) は，自家受粉するスイトピーの花粉の形と色の遺伝を調べて，独立の法則に合わない結果を得た．これが遺伝子連鎖の発見のきっかけとなった．彼らは，紫色で長楕円形の花粉をもつ系統と赤色で丸形の花粉をもつ系統を交配して，雑種2代（F_2世代）であらわれる四つのタイプ（紫・長型，紫・丸型，赤・長型，赤・丸型）花粉をもつ植物を数え，表4.5に示す通りの分離を観察した．この表には，独立遺伝を仮定した場合の理論値と連鎖を仮定した場合の理論値を示してある．観測値の理論値への適合性をχ^2検定により調べよ．

表4.5 スイトピーの花粉の形の色のF_2世代における分離

分離比	紫・長型	紫・丸型	赤・長型	赤・丸型
観測値	493	25	25	138
理論値（独立）	383	128	128	42
理論値（連鎖）	491	20	20	150

2) ヤムイモの塊茎肥大の初期，中期，後期に植物ホルモンの1種であるアブシジン酸を異なる濃度で処理して，塊茎肥大促進効果を調べた結果，表4.6のようなデータが得られた．このデータから処理時期により，アブシジン酸の最適濃度が異なるのか否かを，χ^2を用いた均一性検定により確認せよ．

表4.6 処理時期と処理濃度を変えた時のアブシジン酸のヤムイモ塊茎肥大に及ぼす効果（高井ら，未発表）

処理区	0.1ppm	1ppm	10ppm	100ppm	時期合計
肥大開始期	914	931	1264	1176	4285
肥大初期	946	1253	1310	1555	5064
肥大中期	1046	1080	1047	1076	4249
濃度合計	2906	3264	3621	3807	13598

第5章　複変数データの解析

　1変数データの分布は，中心を決める母平均（μ）と分布の広がりに関する母分散（σ^2）の2種類の母数（パラメータ）によって特徴づけられる．このため，観測や調査により得られるデータから，標本平均（Xm）と標本分散（s^2）を計算して，これらの母数を推定した．

　2変数データの場合，異なる二つの母集団から得られるデータは，それぞれの集団を特徴づける標本平均（Xm_1, Xm_2）と標本分散（s_1^2, s_2^2）の四つの統計量のほかに，二つの変数を関連づける第3の統計量として共分散（s_{12}）が加わる．

　統計学的には共分散に関連して，相関と回帰という二つの概念が重要となる．二つの変数の間で，一方が変化すると，それに伴って他方が変化するとき，両者の間に相関関係（略して相関）があるという．この場合，二つの変数間に因果関係がなくてもよい．

　二つの変数の間に因果関係がある場合，原因となる変数（独立変数）の変化から結果となる変数（従属変数）の変化を予測することが必要となり，原因となる独立変数と結果となる従属変数の関係をあらわすのに，回帰式が用いられる．

　2変数間の相関関係の程度をあらわす相関係数と一方の変数の変化に対する他方の変数の変化の程度を示す回帰係数とは，いずれも共分散を分子として，二つの変数の間の関係をあらわす点では共通している．しかし，それぞれの係数の意味と利用の仕方は大いに異なる．したがって，意味を取り違えたり，使い方を間違えると大変な過ちをおかすことになる．したがって，相関係数と回帰係数の意味をよく理解し，適切な利用を図ることが重要である．

1. 相関と相関図の作成

リンゴ果実 100 個あたりの目方と虫害のある果実の割合との関係を調査した結果，表 5.1 に示すようなデータが得られた．そこで，果実重を横 (X) 軸，虫害果実率を縦 (Y) 軸に目盛り，12 標本のデータをプロットすると，図 5.1 のようになる．

このような散布図により，二つの変量の間の関係を大まかに見ることができる．この図から，果実重が軽いと虫害果実率が高く，果実重が重いと虫の被害率が低いことがわかる．このように二つの変量の間に見られる相関関係をあらわす図を相関図と呼ぶ．

一方の変量 (X) が変化すると，他方の変量 (Y) も変化する時，両者の間には，相関関係があるといい，X が増えると Y も増加するとき，X と Y の間に正の相関があり，X が増えると Y が減少するとき，負の相関があるという．表 5.1 のリンゴの果実重と虫害果実率との間には，かなり強い負の相関関係が見られる．

正の相関関係の見られる例としては，窒素施肥量と作物収量，イネの穂

表 5.1 リンゴの果実重と虫害果実率との関係
(Snedecor & Cochran, 1967)

個体番号	1	2	3	4	5	6	7	8	9	10	11	12
百果重	8	6	11	22	14	17	18	24	19	23	26	40
虫害果実率	59	58	56	53	50	45	43	42	39	38	30	27

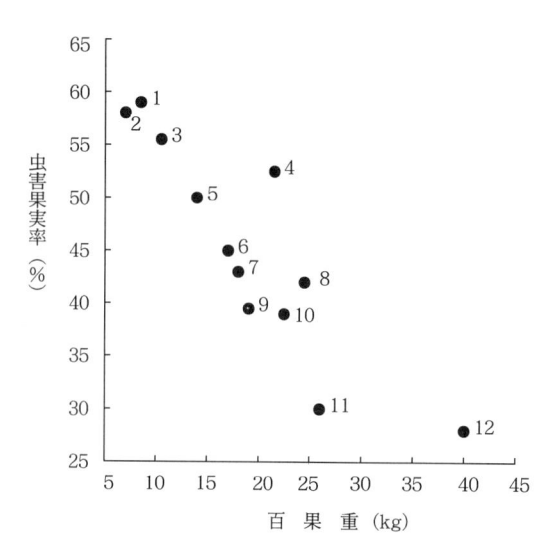

図 5.1 リンゴの百果重と虫害果実率との関係

数と1株穂重，コムギの草丈と倒伏程度，リンゴ果実の長径と重さなど，また負の相関の例としては，イネの穂数と穂長，テンサイの根重とショ糖含有率，1本のミカンの樹になる果実数と果実重などが考えられる．

2．共分散と相関係数の計算

1変数のばらつきの程度をあらわす指標として分散が用いられ，分散は，偏差平方和（SS）を自由度で割って，$s_X^2 = \Sigma(X-Xm)^2/(n-1)$ で求められた．この式で，偏差平方和 $\Sigma(X-Xm)^2 = \Sigma(X-Xm)(X-Xm)$ の一方の偏差を $(X-Xm)$ をもう一方の変数 Y の偏差 $(Y-Ym)$ で置き換えると，$\Sigma(X-Xm)(Y-Ym)$ となり，これが2変数間の関係をあらわす偏差積和である．偏差積和を自由度で割ると，共分散 $s_{XY} = \Sigma(X-Xm)(Y-Ym)/(n-1)$ が計算できる．

偏差平方和の場合と同様に偏差積和を求める式は，次のような変形により，計算を容易にできる．

$\Sigma(X-Xm)(Y-Ym) = \Sigma(XY-XmY-XYm+XmYm) = \Sigma XY - Xm\Sigma Y - Ym\Sigma X + nXmYm = \Sigma XY - (\Sigma X \Sigma Y)/n$

2変数（X と Y）の間の相関関係の密接さの程度をあらわすには，相関係数（r）が用いられる．

$$r = s_{XY}/s_X \cdot s_Y = \Sigma(X-Xm)(Y-Ym)/\sqrt{\Sigma(X-Xm)^2 \Sigma(Y-Ym)^2}$$

(5-1)

つまり，相関係数は，X と Y の共分散（s_{XY}）を X の標準偏差（s_X）と Y の標準偏差（s_Y）の積で割って求めることができる．分子と分母の自由度が $n-1$ で共通であるから，X と Y の偏差積和 $\Sigma(X-Xm)(Y-Ym)$ を X の偏差平方和 $\Sigma(X-Xm)^2$ と Y の偏差平方和 $\Sigma(Y-Ym)^2$ の幾何平均で割ったのが相関係数とも言える．したがって，相関係数の計算は，便宜的に次の式を用いて行うのがよい．

$$r = \{\Sigma XY - (\Sigma X \Sigma Y)/n\} / \sqrt{\{\Sigma X^2 - (\Sigma X)^2/n\}\{\Sigma Y^2 - (\Sigma Y)^2/n\}} \qquad (5-2)$$

この式により，表5.1のリンゴのデータから相関係数を計算してみよう．計算に必要な統計量は，表5.2の合計の欄に計算されている．

$$r = \{9324 - 228 \times 540/12\} / \sqrt{(5256 - 228^2/12)(25522 - 540^2/12)}$$
$$= -936/\sqrt{924 \times 1222} = -936/1062.6 = -0.88$$

この計算結果から，リンゴの果実重と虫害果実率との間には，高い負の相関関係があり，相関係数は-0.88であることがわかる．

相関係数(r)は，二つの変数間の関係の密接さを示す指数で，数学的にはXとYの共分散をXの分散とYの分散の幾何平均で割った値であり，-1と$+1$との間で変化し，$-1 \leqq r < 0$のとき負の相関，$r = 0$のとき無相関，$0 < r \leqq 1$のとき，正の相関があるという．そして，rの絶対値が1に近いほど，相関が高く，0に近いほど相関が低いとみることができる．

なお，二つの変数の間の関係を単相関といい，rであらわすのに対して，三つ以上の変数の間の関係は，重相関といい，Rで表現される．

表5.2 リンゴの果実重と虫害果実率との間の相関係数の計算

標本	百果重 (X_i)	虫害果実率 (Y_i)	X_i^2	Y_i^2	$X_i Y_i$	$E(Y_i)$	$Y_i - E(Y_i)$
1	8	59	64	3481	472	55.1	3.9
2	6	58	36	3364	348	57.2	0.8
3	11	56	121	3136	616	52.1	3.9
4	22	53	484	2809	1166	40.9	12.1
5	14	50	196	2500	700	49.0	1.0
6	17	45	289	2025	765	46.0	-1.0
7	18	43	324	1849	774	45.0	-2.0
8	24	42	576	1764	1008	38.9	3.1
9	19	39	361	1521	741	44.0	-5.0
10	23	38	529	1444	874	39.9	-1.9
11	26	30	676	900	780	36.9	-6.9
12	40	27	1600	729	1080	22.7	4.3
合計	$\Sigma X = 228$	$\Sigma Y = 540$	$\Sigma X^2 = 5256$ $\Sigma Y^2 = 25522$		$\Sigma XY = 9324$	$\Sigma d^2 = 287.79$	

3. 相関係数の有意性検定

相関係数の有意性の検定は，付表7を用いて行うことができる．相関係数の有意性検定に必要な自由度は，標本数をnとすると，$n-2$となる．その理由は，相関係数の計算には平均値と分散を使っており，母平均と母分散の二つの母数を推定しているためである．

例えば，表5.2から計算されるリンゴ果実重と虫害果実率との間の相関係数は，-0.88と計算された．この標本データの自由度は，$12-2=10$なり，付表7の1％水準の自由度10にあたる表の値は0.708であり，この値より計算された相関係数の絶対値$|-0.88|$が大きいことから，この相関係数は，1％水準で有意であることがわかる．

4. 一次回帰式の計算

二つの変数の間に相関関係があり，一方の変数Xが原因となり，他方の変数Yが結果とし変化する場合，一次回帰式$Y = a + bX$を計算し，Xの変化からYの変化を一定の精度で予測することができる．

統計学では，原因となる変数Xを独立変数，結果となる変数Yを従属変数と呼ぶ．XとYの対になったデータを$(X_1, Y_1), (X_2, Y_2), \cdots\cdots (X_n, Y_n)$として，一次回帰式の定数$a$と回帰係数$b$を求めてみよう．

従属変数Yのi番目の観測値をY_iとし，それに対応する独立変数Xの観測値をX_iとすると，従属変数Yの理論値は，$(a + bX_i)$となる．そこで，従属変数Yの観測値と理論値との偏差d_iは，$d_i = Y_i - (a + bX_i)$となる．

一次回帰式の定数aと回帰係数bは，この残差d_iの平方和（Σd_i^2）を最小にするために，最小2乗法という特別な方法で求めることができる．

$$\Sigma d_i^2 = \Sigma (Y_i - a - bX_i)^2 = \Sigma (Y_i^2 + a^2 + b^2 X_i^2 - 2aY_i + 2abX_i - 2bX_i Y_i)$$

この偏差の平方和を最小にするには，a並びにbに関して偏微分して得られる式が0になるように，aとbを決めればよい．

a並びにbに関して偏微分すると，次の二つの式が得られる．

$$\partial \Sigma d_i^2 / \partial a = 2\Sigma(a - Y_i + bX_i) = 2\{an - \Sigma Y_i + \Sigma bX_i\} = 0$$

$\partial \Sigma d_i^2/\partial b = 2\Sigma(bX_i^2 - aX_i - X_iY_i) = 2\{b\Sigma X_i^2 + a\Sigma X_i - \Sigma X_iY_i\} = 0$

これらの2式が成り立つように，a と b を決めるには，次の連立方程式を解けばよい．

(1)　$an + b\Sigma X_i = \Sigma Y_i$
(2)　$a\Sigma X_i + b\Sigma X_i^2 = \Sigma X_iY_i$
(3)　(1)×$\Sigma X_i : an\Sigma X_i + b\Sigma X_i\Sigma X_i = \Sigma Y_i\Sigma X_i$
(4)　(2)×$n : an\Sigma X_i + bn\Sigma X_i^2 = n\Sigma X_iY_i$
(5)　(4)−(3)：$bn\Sigma X_i^2 - b\Sigma X_i\Sigma X_i = n\Sigma X_iY_i - \Sigma Y_i\Sigma X_i$

両辺を n で割って，$b\{\Sigma X_i^2 - (\Sigma X_i)^2/n\} = \Sigma X_iY_i - (\Sigma Y_i\Sigma X_i)/n$ となる．
したがって，

$$b = \{\Sigma X_iY_i - (\Sigma Y_i\Sigma X_i)/n\}/\{\Sigma X_i^2 - (\Sigma X_i)^2/n\} \quad (5-3)$$

(1)から，$an = \Sigma Y_i - b\Sigma X_i$ で，a は次式で求まる．

$$a = \Sigma Y_i/n - b\Sigma X_i/n = Ym - bXm \quad (5-4)$$

こうして，次の一次回帰式が得られる．

$$Y = a + bX \quad (a \text{ と } b \text{ は，} 5-3 \text{式と} 5-4 \text{式で計算}) \quad (5-5)$$

そこで，表5.2のリンゴのデータを使って，百果重（X）に対する虫害果実率（Y）の一次回帰式を求めてみよう．

$b = \{9324 - 228 \times 540/12\} / \{5256 - 228^2/12\} = -936/924 = -1.013$
$a = 45 - (-1.013 \times 19) = 64.23$ となり，一次回帰式は下記の通りとなる．
$Y = 64.23 - 1.013\ X$

a を求めた（$5-4$）式は，回帰直線が両変数の平均値（Xm, Ym）を通ることをあらわしており，$a = 64.23$ は，$X = 0$ のときの Y の値であり，Y 軸と回帰直線の交点，すなわち，Y 軸の切片をあらわしている．

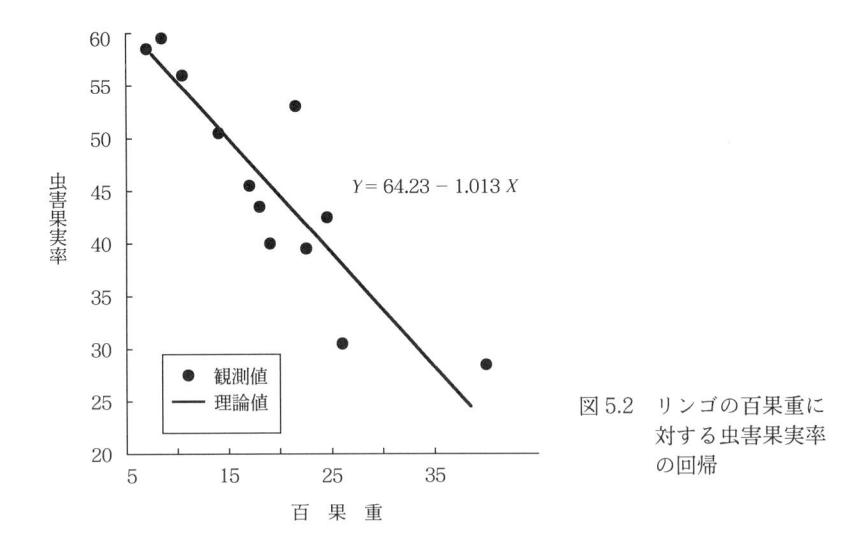

図5.2 リンゴの百果重に対する虫害果実率の回帰

したがって，回帰直線を描くには，$(0, a = 64.23)$ と $(Xm = 19, Ym = 45)$ の2点を通る直線を引けばよい．

回帰係数 $b = -1.013$ は，リンゴの百果重が1単位増すと，虫害を受けた果実の割合が1.013単位減少することを意味している．この一次回帰式を使って，果実の目方から虫の被害を受けた果実の割合を推定することができる．

5．回帰係数の有意性検定

回帰係数 b の有意性は，自由度 $n-2$（n は標本数）で，

$$t = b/s_b \tag{5-6}$$

を用いた t 検定で行うことができる．

(5-5) 式に X_i を代入して得られる Y の理論値を $E(Y_i) = a + bX_i$ とすると，回帰係数 b の検定に必要な標準誤差 s_b の計算は，次のようにして行うことができる．

観測値 Y_i と理論値 $E(Y_i)$ との偏差平方和 $\Sigma\{Y_i - E(Y_i)\}^2$ を自由度 $n-2$

で割ってえられる残差分散をさらにXの偏差平方和$\Sigma (X_i-Xm)^2$で割ると，回帰係数bの誤差分散$s_b{}^2$が得られる．

$$s_b{}^2 = \Sigma \{Y_i - E(Y_i)\}^2 / (n-2) \Sigma (X_i - Xm)^2 \qquad (5-7)$$

例として，リンゴの果実のデータから得られた回帰係数$b=-1.013$の有意性を検定してみよう．表5.2の計算結果を使って，(5-7)式から，虫害果実率Y_iとその期待値$E(Y_i) = a + bX_i$との偏差平方和$\Sigma_i (Y_i - a - bX_i)^2$の2乗を求め，果実重$X_i$の偏差平方和$\{\Sigma (X_i - Xm)^2\}$で割って，さらに，それを自由度$(n-2)$で割ると，$b$の標準誤差が求まる．

$s_d{}^2 = 287.79 / (12-2) \times 924 = 0.03115$

$t = -1.013 / 0.1765 = -5.74$

そこで，付表3の両側検定の自由度10の1％水準のt値は，3.169であり，$|-5.74| > 3.169$であることから，帰無仮説$t=0$を棄却して，回帰係数$b=-1.013$は，1％水準で有意であると判定することができる．

6．回帰式による予測

データから計算した回帰式$Y = a + bX$に，観測値X_iを代入して，Y_iの理論値$E(Y_i)$を求めることを予測するという．表5.2のリンゴのデータから計算した回帰式$Y = 64.23 - 1.013X$に百果重(X)のデータを入れて，予測したYの理論値$E(Y_i)$を表の右側の列に示した．つまり，この回帰式を使って，リンゴの果実重から虫の被害率を予測できたことになる．

独立変数Xの観測値の範囲内で行われるのが，内挿予測と呼ばれ，観測値の範囲を超えて行われるのが，外挿予測である．一般に，回帰式による予測は，平均値の周辺で最も精度が高く，平均値から離れるほど精度が低くなる．したがって，データの変域を超えると予測精度が極端に下がるので，原則的には外挿予測は行わない方がよい．とくに，回帰係数の標準誤差が大きい場合，外挿予測は危険である．

リンゴのデータの例では，果実重(X)が5〜40の範囲内での予測に限るこ

とが必要である．果実重が63を越えると虫害率の予測値がマイナスになってしまって，予測の意味がなくなってしまう．このことからも，外挿予測の危険性がわかるであろう．

7．相関と回帰の関係

　相関係数と回帰係数は，二つ（またはそれ以上）の変数の間の関係をあらわす指数である．しかし，それらの意義と利用法は全く異なる．一方の変数Xが変化すると，それに伴って他方の変数Yも変化するとき，両者（XとY）間に相関関係（簡単に相関）があるといい，相関関係の密接度をあらわす指数が相関係数である．

　一方，二つの変数の間にはっきりとした因果関係があり，原因となる変数Xの変化から結果となる変数Yの変化を予測する時に有効なのが回帰式である．原因となる独立変数の1単位の変化に対して，結果となる従属変数の変化量が回帰係数として求められる．

　二つの変数の間に因果関係がある場合には，相関係数と回帰係数を計算する必要があるが，因果関係がない場合には，回帰係数を計算する意味はない．相関分析では，二つの変数の間の関連の程度を評価する一方，回帰分析では，二つの変数の間の関連程度とともに，原因となる独立変数と結果となる従属変数との関係を示す1次関数式を求める．

　（5－1）式から，相関係数と回帰係数との関係を調べることができる．

$$r = s_{XY}/s_X \cdot s_Y = \sqrt{(s_{XY}/s_X{}^2)(s_{XY}/s_Y{}^2)} = \sqrt{b_{XY} \cdot b_{YX}}$$

　この関係から，相関係数は，YのXに対する回帰係数b_{XY}とXのYに対する回帰係数b_{YX}との幾何平均であることがわかる．また，$b_{XY} = b_{YX}$のとき，$r = b_{XY} = b_{YX}$となることも明らかである．さらに，標準化されたデータ，$(X_i - Xm)/s_X$と$(Y_i - Ym)/s_Y$との共分散が相関係数であるとも言える．

　また，Yの観測値Y_iと回帰式で予測する期待値$E(Y_i)$との間の相関係数は，Yの観測値Y_iとXの観測値X_iとの間の相関係数と同じものとなる．

$\Sigma \{E(Y_i) - Ym\} \{Y_i - Ym\} = \Sigma\{(a + bX_i) - (a + bXm)\} \{Y_i - Ym\}$
$\qquad\qquad\qquad\qquad\qquad = b\Sigma (X_i - Xm)(Y_i - Ym)$
$\Sigma \{E(Y_i) - Ym\}^2 = \Sigma (a + bX_i - a - bXm)^2 = b^2 \Sigma (X_i - Xm)^2$

したがって,
$r_{Y \cdot E(Y)} = \Sigma \{E(Y_i) - Ym\} \{Y_i - Ym\} / \sqrt{\Sigma\{E(Y_i)-Ym\}^2 \Sigma(Y_i-Ym)^2}$
$\qquad = b\Sigma (X_i - Xm)(Y_i - Ym) / \sqrt{b^2 \Sigma(X_i-Xm)^2 \Sigma(Y_i-Ym)^2}$
$\qquad = \Sigma (X_i - Xm)(Y_i - Ym) / \sqrt{\Sigma(X_i-Xm)^2 \Sigma(Y_i-Ym)^2} = r_{Y \cdot X}$

8. 重回帰式と重相関係数

二つの変数 (X と Y) の間の関係の強さをあらわす指数が相関係数 (厳密には, 単相関係数) といい, 二つの変数の間に因果関係があって, 原因となる独立変数 X と結果となる従属変数 Y との関係を1次関数であらわしたのが1次回帰式 (単回帰式ともいう) である.

これに対して, p 個の独立変数 X ($X1, X2, \cdots Xp$) と従属数 Y との関係を1次方程式であらわしたのが重回帰式であり, 次のように書きあらわされる.

$$Y = a + b_1 X1 + b_2 X2 + \cdots + b_p Xp \qquad (5-8)$$

この式は, $p+1$ 次元空間上の面を表している. この回帰面の周りに Y の観測値 (Y_i) が分布する.

一つの独立変数 X に対する従属変数 Y の1次回帰式 ($Y = a + bX$) は, 2次元空間 (面) 上の直線をあらわし, この回帰直線により予測される従属変数 Y の期待値 $E(Y_i)$ と観測値 Y との間の関係をあらわす指数が単相関係数である.

この関係を一般化すると, p 個の独立変数 X ($X1, X2, \cdots Xp$) に対する従属変数 Y の重回帰式 ($Y = a + b_1 X1 + b_2 X2 + \cdots + b_p Xp$) は, $p+1$ 次元空間上の面をあらわしている.

重回帰式を求めるには, 線形代数と呼ばれる数学を用いて, ベクトルや行列演算により, $b_1, b_2, b_3 \cdots b_n$ などの偏回帰係数を計算することができる.

重回帰式に p 個の独立変数のデータ ($X1_i$, $X2_i$, …, Xp_i) を代入して得られる Y の期待値 $E(Y_i) = a + b_1 X1_i + b_2 X2_i + … + b_p Xp_i$ と観測値 (Y_i) との相関係数が重相関係数と呼ばれている．

重回帰式の求め方などは，線形代数の基礎を習得した上で，多変量解析について記述した専門書を参考にされたい．

9．二つの説明変数をもつ重回帰式の計算法

最も簡単な重回帰式は，説明（独立）変数が二つの場合で，次のようにあらわすことができる．

$$Y = a + b_1 X1 + b_2 X2 \tag{5-9}$$

単回帰式 $Y = a + bX$ が Y 軸と X 軸が作る2次元空間（平面）上の直線をあらわすのに対して，$Y = a + b_1 X1 + b_2 X2$ は，Y 軸，$X1$ 軸，$X2$ 軸が作る3次元空間上の平面をあらわす．3変数データは，次のような形式で得られる．

Y, $X1$, $X2$ のデータは，標本ごとに対応しており，例えば，同じ標本（植物体あるいは品種・系統など）の観測値である．

(5-9) 式の右辺に，独立変数の観測値 ($X1_i$ と $X2_i$) を代入すると，従属変数 (Y_i) の期待値（理論値）が次式で得られる．

$E(Y_i) = a + b_1 X1_i + b_2 X2_i$

そこで，重回帰式の作成に必要な，定数 (a) と偏回帰係数 (b_1, b_2) は，従属変数の観測値 Y_i とその期待値 $E(Y_i)$ の偏差の平方和が最小になるようにして決めることができる．Y の観測値と期待値の偏差平方和は，a, b_1, b_2 の

標本番号	1	2	3	………	i	………	n
Y のデータ	Y_1	Y_2	Y_3	………	Y_i	………	Y_n
$X1$ のデータ	$X1_1$	$X1_2$	$X1_3$	………	$X1_i$	………	$X1_n$
$X2$ のデータ	$X2_1$	$X2_2$	$X2_3$	………	$X2_i$	………	$X2_n$

第5章 複変数データの解析

関数と見なすことができ，次式となる．

$$D(a, b_1, b_2) = \Sigma_i \{Y_i - E(Y_i)\}^2 = \Sigma_i (Y_i - a - b_1 X1_i - b_2 X2_i)^2$$

この関数が最小値をとるのは，関数Dをa, b_1, b_2に関して偏微分した値が0の時である．したがって，次の3式が成り立つようにすればよい．

① : $\partial D / \partial a = \Sigma (2a - 2Y_i + 2b_1 X1_i + 2b_2 X2_i)$
$\qquad = 2\Sigma (a + b_1 X1_i + b_2 X2_i - Y_i) = 0$

② : $\partial D / \partial b_1 = \Sigma (2b_1 X1_i^2 - 2Y_i X1_i + 2a X1_i + 2b_2 X1_i X2_i)$
$\qquad = 2\Sigma (a X1_i + b_1 X1_i^2 + b_2 X1_i X2_i - Y_i X1_i) = 0$

③ : $\partial D / \partial b_2 = \Sigma (2b_2 X2_i^2 - 2Y_i X2_i + 2a X2_i + 2b_1 X1_i X2_i)$
$\qquad = 2\Sigma (a X2_i + b_1 X1_i X2_i + b_2 X2_i^2 - Y_i X2_i) = 0$

④ : ①から，$na + b_1 X1. + b_2 X2. - Y. = 0$

⑤ : ②から，$a X1. + b_1 \Sigma X1_i^2 + b_2 \Sigma X1_i X2_i - \Sigma Y_i X1_i = 0$

⑥ : ③から，$a X2. + b_1 \Sigma X1_i X2_i + b_2 \Sigma X2_i^2 - \Sigma Y_i X2_i = 0$

そこで，$b1$と$b2$とを求めるために，

⑤ $-$ ④ $\times (X1._i/n)$ から，

$b_1 \{\Sigma X1_i^2 - X1.^2/n\} + b_2 \{\Sigma X1_i X2_i - X1. X2./n\} = \Sigma Y_i X1_i - Y. X1./n$

⑥ $-$ ④ $\times X2./n)$ から，

$b_1 \{\Sigma X1_i X2_i - X1. X2./n\} + b_2 \{\Sigma X2_i^2 - X2.^2/n\} = \Sigma Y_i X2_i - Y. X2./n$

したがって，

⑦ : $b_1 s_1^2 + b_2 s_{12} = s_{1Y}$

⑧ : $b_1 s_{21} + b_2 s_2^2 = s_{2Y}$

これらの連立方程式をベクトルと行列（補章参照）を使ってあらわすと，次の通りになる．

$$\begin{bmatrix} s_1^2 & s_{12} \\ s_{21} & s_2^2 \end{bmatrix} \begin{bmatrix} b_1 \\ b_2 \end{bmatrix} = \begin{bmatrix} s_{1Y} \\ s_{2Y} \end{bmatrix} \quad (\text{ただし，} s_{12} = s_{21} \text{で対称行列})$$

これを行列とベクトルであらわすと，次のような単純な式となる．

$\mathbf{Xb} = \mathbf{y}$

この式では，Xは，それぞれ変数$X1$，$X2$の分散・共分散行列をあらわし，bは，偏回帰係数の列ベクトル，yは，変数Yと変数$X1$，$X2$との共分散からなる列ベクトルをあらわす．

この式を解くには，両辺に左からXの逆行列X^{-1}（補章参照）をかけると，$X^{-1}Xb = X^{-1}y$となり，$X^{-1}X = E$となる．
$E = \begin{bmatrix} 1 & 0 \\ 0 & 1 \end{bmatrix}$ で，単位行列をあらわし，$Eb = b$となる．

したがって，偏回帰係数の列ベクトルを，次の式で求めることができる．

$$b = X^{-1}y \tag{5-10}$$

独立変数が二つの場合，逆行列は比較的簡単に求めることができる．

$$X^{-1} = \begin{bmatrix} s_2^2 & -s_{12} \\ -s_{12} & s_1^2 \end{bmatrix} / (s_1^2 \cdot s_2^2 - s_{12}^2)$$

この逆行列を列ベクトルyの左からかけて，偏回帰係数を求めることができる．

$$b_1 = (s_2^2 \cdot s_{1Y} - s_{12} \cdot s_{2Y}) / (s_1^2 \cdot s_2^2 - s_{12}^2)$$
$$b_2 = (s_1^2 \cdot s_{2Y} - s_{12} \cdot s_{1Y}) / (s_1^2 \cdot s_2^2 - s_{12}^2) \tag{5-11}$$

行列とベクトルを使った演算は一見複雑にみえるが，三つ以上の独立変数を含む高次の重回帰分析などの多変量解析では，大変に便利な計算法となる．そればかりでなく，重回帰分析を含む多変量解析では，行列とベクトルの概念や演算のための線形代数の基本的な知識が不可欠である．そこで，補章において，線形代数の基本を解説するので，参考にされたい．

10．演習問題

下の表5.3のデータは，ヤムイモの20地方品種の葉形状の測定結果の一部である．この表のデータを使って，次のことを試みよ．

1) 葉身長 ($X1$) と全葉長 (Y)，葉身長率 ($X2$) と全葉長 (Y) との間の相関図の作成
2) 葉身長 ($X1$) と全葉長 (Y)，葉身率 ($X2$) と全葉長 (Y) の間の相関係数の計算とそれらの有意性の検定
3) 葉身長 ($X1$) に対する全葉長 (Y) の1次回帰式の計算と，その回帰係数の有意性検定．
4) 葉身長 ($X1$) と葉身率 ($X2$) を独立（原因）変数，全葉長 (Y) を従属（結果）変数とする2次回帰式の決定，重相関係数の計算とその有意性の検定
5) 相関図，相関係数，一次回帰式，二次回帰式，重相関係数などの意味と解釈

表5.3 ヤムイモの20品種の全葉長，葉身長，葉身長率（吉松ら，未発表）

品種番号	全葉長	葉身長	葉身長率	品種番号	全葉長	葉身長	葉身長率
1	18.7	15.5	82.6	11	14.3	12.9	90.3
2	13.8	11.4	82.9	12	18.6	15.1	81.3
3	15.5	13.0	83.9	13	17.0	14.0	82.6
4	13.1	10.6	80.7	14	14.8	12.0	81.1
5	14.2	12.1	84.7	15	14.7	12.3	83.9
6	15.8	12.5	79.1	16	17.6	13.1	74.8
7	14.4	11.8	81.9	17	17.6	14.4	81.5
8	13.8	11.5	83.7	18	16.0	12.7	79.2
9	15.0	12.4	82.4	19	15.3	11.7	76.1
10	15.5	13.4	86.7	20	13.5	11.2	82.8

～第2部　実験計画～

　第1部で論じた統計解析は，実験や調査により得られるデータの集約や解析に用いられるが，第2部で論ずる実験計画は，データを効率的に収集するために必要な技術である．

　実験計画の基本的考え方は，近代統計学の祖とされるイギリスの数学者R.A.Risherに負うところが大きい．彼は，1925年に「研究者のための統計的方法（Statistical Methods for Research Workers）」を出版し，科学実験に必要な統計的方法について詳しく論述した．さらに，1935年には，「実験計画（The Design of Experiments）」を著し，実験計画の基礎的理念を確立した．

　研究目的にあった適切な計画で実験を行うことにより，必要な情報を効率よく得ることができる．実験計画が適切でないと，多くの資材，労力，時間を費やしてデータをとっても，実験目的にかなう情報を得ることができない．

　例えば，ヤムイモの塊茎肥大に対して，ジャスモン酸（JS）とアブシジン酸（ABA）の効果を調べる実験を行うとしよう．実験計画法になじみのない人は，注意深く育てた12株のヤムイモを4株ずつの3グループに分け，第1のグループはいずれのホルモンも与えない対照区（O区）とし，第2のグループはジャスモン酸だけを与えた区（J区），そして，第3のグループにはアブシジン酸だけを与えた区（A区）を設けるであろう．この場合，各区の観測値をそれぞれ，X_O, X_J, X_Aとすると，ジャスモン酸の効果は，X_J-X_O，アブシジン酸の効果は，X_A-X_Oで評価することができる．しかし，2種のホルモンの相互作用（一方のホルモンの作用が他方のホルモンの効果に及ぼす影響）の有無を知ることはできない．そればかりではなく，対照区の塊茎が二つの処理区と同じように生育する保証はない．したがって，実験で比較する処理区と対照区の差異が処理の効果なのか，あるいは，処理区と対照区の塊茎の生育が元来違っていた結果なのかを区別することができない．

　実験計画の原理を知っている人であれば，12株のヤムイモを3株ずつの4グループに分け，第1のグループにはジャスモン酸とアブシジン酸（JA区），

第2のグループにはジャスモン酸のみ（J区），第3のグループにはアブシジン酸のみ（A区），そして第4のグループにはいずれのホルモンも与えない対照区（O区）を作る．これは，直交配列実験（または要因実験）と名付けられた大変に効率的な実験計画である．4区の観測値をそれぞ X_{JA}, X_J, X_A, X_O とすると，ジャスモン酸の主効果は，$X_{JA} + X_J - X_A - X_O = (X_{JA} + X_J) - (X_A + X_O)$，アブシジン酸の主効果は，$X_{JA} - X_J + X_A - X_O = (X_{JA} + X_A) - (X_J + X_O)$ で評価できる．そればかりでなく，ジャスモン酸とアブシジン酸の相互作用は，$X_{JA} - X_J - X_A + X_O$ で評価することができる．この相互作用の効果の式を書き換えると，$(X_{JA} - X_O) - (X_A - X_O) - (X_J - X_O)$ となり，両ホルモンを与えた時の効果から，各ホルモンを別々に与えた時の効果を差し引いたものが相互作用の効果であることがわかる．相互作用の効果がないとき，$(X_{JA} - X_O) - (X_A - X_O) - (X_J - X_O) = 0$ となる．したがって，$(X_{JA} - X_O) = (X_A - X_O) + (X_J - X_O)$ となり，両ホルモンを与えたときの効果がそれぞれのホルモンの効果の和に等しくなる．しかし，相互作用の効果が存在するときは，$(X_{JA} - X_O) >$（または$<$）$(X_A - X_O) + (X_J - X_O)$ となり，両ホルモンの併用効果は，単用効果の和より大きく（または小さく）なる．

さらに，このような実験計画では，各試験区の中に繰返しを設けて，繰返しのばらつきを誤差のばらつきと見なし，この誤差のばらつきに比較して，処理の効果や処理間の相互作用効果が大きいか否かを判定することができる．

直交配列実験によれば，同じ規模，労力，時間で，アブシジン酸とジャスモン酸の主効果を高い精度で調べることができるばかりでなく，一方のホルモンの作用が他方のホルモンの効果に及ぼす影響をも評価できる．さらに，2種のホルモンごとに実質的に2回ずつ処理が繰り返えされている．このような適切な実験計画を組めば，必要な情報を最も効率よく得ることができる．

第6章　実験計画の考え方

　一般に科学実験では，以前に行われた実験の結果を確認したり，それを否定したり，また，新しい事実を発見するために計画的な調査・分析を行う．最少の資材と労力の投入により最大の情報を効率的に得るには，綿密な実験計画を立て，均質な生物材料を注意深く管理した環境で育て，得られるデータを適切に統計解析することが必要である．実験計画に不備があると，同じ資材・労力・時間を費やしても必要な情報が得られず，資材や労力の無駄が多くなる．

　科学実験は，「予備実験」，「本実験」，「実証実験」三つのカテゴリーに分けられる．

　予備実験…将来の研究のてがかりを得るために，多くの処理を試す実験

　本実験…一定の確からしさで意味のある差異（有意差）を見いだすために，十分な観測数により異なる処理に対する効果を比較する実験

　実証実験…技術を普及する時などに，新たな処理やいくつかの処理を標準的処理と比較する実験

　このような科学実験の種類や実験の目的などにより，必要な実験規模や反復数が異なる．また，実験の目的をはっきりさせておくことも重要である．実験の目的にも大小があり，大きな目的に関連するデータは，高い精度でとる必要があるし，小さな目的に関連する処理は，低い精度に甘んじてもよいことになる．

　実験計画を立てるにあたっては，次の事にとくに留意する必要がある．

　①純系，純系間の一代雑種あるいはクローンなどの遺伝的に均質な生物材料を用いる．

　②それらを注意深く管理した生育環境で育て，実験誤差をできるかぎり小さくする．他家受粉作物の開放受粉品種などのように，均質性の低い集団を実験材料とする場合，実験単位とする集団をある程度大きくする必要がある．

③試験区の配置や処理の割り付け方などを工夫して，系統的（日照や土地の肥沃度の違いなどの）環境変異が処理の効果と重ならないようにする必要がある．そうしないと，処理区の間に有意な差異が出ても，それが処理の効果なのか，環境差の影響なのかを識別できない．
④統計分析により実験誤差を正確に評価し，処理による変化が実験誤差よりも大きいのか，同等ないしは小さいのかを判定する．そして，処理による変化が実験誤差よりも大きければ，処理の効果があったと判断し，そうでなければ処理の効果はないと考える．
⑤実験誤差を正当に評価できるようにするためには，ある程度試験区を大きくしたり，反復（または，繰り返し）数を多くしたりすることが必要になる．
⑥実験計画と統計解析とは不可分な関係にあり，実験計画を立てる時点で，どのようなモデルで統計解析を行い，どんな実験結果を期待するかを念頭に置かなければならない．

1．因子（処理）と水準

　実験計画法でいう因子（または処理）とは，「実験で観測の対象とされる特性値に影響をおよぼすと考えられる種々の原因系のうち，実験で取り上げて比較されるもの」（奥野・芳賀，1969）とされ，農学実験などでは，肥料を与えたり，薬剤を散布したり，あるいは品種を変えたりすることなど，生物材料の特性値に影響を及ぼすとみられる人為的処理を言う．また，因子（または処理）の水準とは，「因子のとる種々の条件」とされ，肥料や薬剤の施用量あるいは品種の種類などを言う．
　例えば，硫安と塩化カリの2種類の肥料に対する品種の反応を調べる場合，品種，硫安，塩化カリの3種類の処理があり，それぞれの処理に2水準を設ける実験を想定しよう．品種は2種類，硫安は施用と無施用，塩化カリは施用と無施用の3処理2水準の八つの処理と水準の組合せが考えられる．
　いろいろの処理の中で，どの処理が有効であるかの見当をつける予備実験では，処理の種類を多くして，処理の有無や2種類の材料など2水準実験が

計画される．その後で，効果のある処理について最適水準を明らかにするのがよい．

例えば，作物組織の培養実験において最適条件を明らかにしようとする場合，培地に加える糖，ホルモン，無機成分，ビタミンなどの種類，培養温度，照明など多くの処理について，それぞれ2水準を設ける予備実験を行い，まず，有効な処理を明らかにする．その結果，植物ホルモンの 2,4-D と温度の影響が大きいとわかった場合，処理ごとにいくつかの水準を設定して本実験を行い，培養に適した 2,4-D の濃度や培養温度を明らかにするのがよい．

ある実験で取り上げる因子の数により，1因子実験，2因子実験，…多因子実験などと呼ばれる．1因子実験では，ただ一つの因子だけを取り上げ，何段階かの水準を設けて，それぞれの水準の中に繰り返しを作り，その他の原因系は一定に保つ．2因子実験では，二つの因子を同時に取り上げ，各因子に設定する全ての水準を組合せた実験を反復するか，全ての因子と水準の組合せ内に繰返しを設けるかして，その他の原因系は一定にする．さらに，多因子実験とは，二つ以上の多数の因子を同時に取り上げて，各因子の全水準を組合せた実験を反復するか，全ての因子と水準の組合せ内に繰り返し実験単位を設ける．

後述する通り，直交配列実験（または要因実験）では，各要因の主効果はもとより，要因間の相互作用を含め，要因効果に関する全ての情報を最大限に取り出すことができる．一般に，1因子実験をいくつか並行して実施するよりは，複数の因子の水準を組み合わせて，多因子要因実験を行う方が効率的である．

実験計画で取り上げる因子には，質的因子と量的因子がある．質的因子とは，品種や系統などの実験材料種類や場所や年次などの実験環境の違いのように，水準が不連続的にしか設定できない因子をいう．一方，量的因子とは，温度，灌水量，肥料の施用量，農薬の散布量のように，水準を連続的に変化させ設定できる因子をいう．

質的因子の場合，品種，場所，年次などの水準をどのように設定するかによって，選択すべき実験モデルや実験結果から引き出される結論の適用範囲

が決まる．例えば，日本の代表的なイネ品種を実験材料として関東地方の代表的な地点で行う実験から得られる結論は，日本品種を関東地方で栽培する場合に当てはめることはできる．しかし，アメリカ合衆国のカリフォルニア州のイネの栽培に適用することはできない．

実験単位とは，特定の処理を加える実験材料の単位をいう．実験単位は，処理の種類により，植物の葉の切片であったり，植物個体であったり，植物集団であったりする．そして，処理の効果は，実験単位の一部または全体から，ランダム（無作為）に抽出される標本により計測される．処理や水準を決めるには，それらの処理や水準により実験目的に合う結果が得られることを予め確かめるか，予測できることが重要である．

2. 実験誤差の管理

実験に伴う誤差（実験誤差）は，同じ処理を受ける実験単位の観測値間の変動から求めることができる．実験誤差を発生する主な原因は，二つ考えられる．第一は，実験材料に本来そなわっている変異であり，第二は，実験環境の不均一性や不完全な管理に伴う変動である．

例えば，作物栽培実験で肥料の効果を調べる場合，実験に用いる作物品種が十分に均質でなければ，実験誤差が大きくなる．また，その作物を栽培する圃場の肥沃度，水分，日照など環境条件の違いや病害虫の発生などが実験誤差の原因となる．

実験誤差は，①実験計画，②付随観測値の活用，③実験単位の大きさや形などにより，ある程度管理することもできるが，実験材料の選定や実験環境の管理を厳密に行うことにより，実験者の責任において実験誤差の縮小に努めることがとくに重要である．

① 実験計画

実験計画を立てるにあたっては，実験単位の間に生ずる自然変異が処理の効果に影響を与えないようにすることがとくに重要である．実験単位間の自然変異は，実験材料の遺伝的不均一性とか，気温，土壌肥沃度，日照条件などの差異や病害虫の被害などに伴う実験環境の不均一性によって生ずる．

例えば，10ポットに特定のイネ品種を1株ずつ栽培し，5ポットのイネは何の処理もせず対照区とし，ほかの5ポットのイネにある種の薬剤を散布し，その薬剤がイネの生育に与える影響を調べる実験を考えよう．この場合，イネは自家受粉植物であることから，品種は純系とみなして実験材料の均質性は保証されていると考える．ところで，対照区の5ポットと処理区の5ポットをまとめて配置しておくと，両区の間に日照などの環境条件に差異が生ずる可能性が高くなる．対照区と処理区間の環境条件の差異は，処理の効果と重なってしまって不都合である．そこで，10個のポットを全く無作為（ランダム）に配列した上に，頻繁に場所を入れ換えることにより，対照区5ポットと処理区の5ポットの間の環境条件の差異を最小にすることができる．実験単位が完全ブロック（全ての処理と水準を含められる区画）に群分けできる場合，同一ブロック内の実験単位間の差異を異なるブロックの単位間の差異より小さくすることができ，それだけ実験誤差を縮小して実験精度を高めることができる．このような実験計画は，乱塊法（第9章で説明）と呼ばれる．乱塊法では，ブロックを反復とも呼び，反復内の実験単位間の自然変動に基づき誤差が求められる．ブロック間並びに処理間の変動は，実験誤差には含まれない．この方法では，処理数が多くなると，反復当たりに必要な実験単位が多く必要となり，それだけ実験誤差も増すことが多い．

②付随観測値の活用

多くの実験において，付随する観測値による共分散を用いて実験の精度を高めることができる．共分散分析が用いられるのは，実験単位間の変動が測定可能な他の形質によって発生している場合である．

例えば，病害虫や台風などにより試験区に被害が生じた場合，被害の程度を数値化しておけば，被害の程度との共分散を斟酌して処理の効果を補正して，より適正に処理の効果を評価することができる．この方法の詳細については，第9章を参照されたい．

③実験単位の大きさと形

概して，実験単位は小さいより，大きい方が誤差による変動が少なくなる．しかし，実験単位を大きくすると反復数が多くとれなくなる．試験区（プロッ

ト)を大きくすると,十分な反復をとるのは難しくなるが,それを小さくとれば,十分な反復数をとることができる.圃場実験では,実験単位(試験区あるいはプロット)の大きさと形が極めて重要である.いろいろな作物を用いて行われた均一性試験の結果,ブロック(反復)は細長く狭くとるのがよいとされ,プロットはほぼ正方形にするのがよいことが知られている.こうすることにより,ブロック(反復)間の変動を最大にし,ブロック内プロット(試験区)間の変動を最小にすることができるとされている.ブロック間変動は,実験誤差から差し引かれ処理区平均の差異に影響しない.ブロック内は均一にし,同一ブロック内のプロット間の変動は,できる限り少なくするのがよい.

3. 実験の誤差と精度

実験計画法の創始者とされている R. A. Fisher によれば,実験の精度のめやすとなる実験誤差の値を実験データから評価する必要があるとした.このため,実験が行われる場を次の3原則に基づいて管理することを提唱した.
①誤差分散を評価するための反復の設定
②系統的誤差を偶然的誤差に変えるための無作為(ランダム)化
③系統的誤差を除去するための局所管理

実験の精度のめやすとなる実験誤差には,偶然誤差と系統誤差が含まれる.
偶然誤差とは,遺伝的な均質な実験材料を注意深く育てた場合や特性値を慎重に計測・分析した場合などにも偶然的原因より発生する実験誤差をいう.これに対して,系統誤差とは,実験単位の時間的あるいは空間的配列,不均一な処理,実験環境の不十分な管理などの系統的原因により生ずる一定の方向性をもつ実験誤差をいう.

科学実験の精度は,人の手で管理できない要因により生ずるデータのばらつき,すなわち実験誤差に反比例する.綿密な計画の下で精密な実験を行えば,実験誤差が小さくなり,実験の精度を高めることができる.実験精度(実験感度あるいは実験で得られる情報量)は,誤差分散の逆数で推定できる.平均値の誤差分散は,$\sigma_{Xm}^2 = \sigma^2/n$ であり,標本数(n)を増せば減少し実験精

度は高まる．例えば，標本数を多くするほど，標本平均値の比較精度が高まり，処理による僅少な差異まで検出できるようになる．実験誤差が小さいほど，処理により生ずるわずかな差異を見いだすことができることになる．

ところで，実験精度の指標となる実験誤差を左右する要因としては，次の三つが想定される．

①実験材料…栄養繁殖性作物のクローン，自殖性作物の純系，他殖性作物の純系間一代雑種などは，遺伝的に均質である．しかし，自殖性作物の地方品種や他殖性作物の開放受粉品種などは，遺伝変異の集積や遺伝的分離により，遺伝的に均質でない可能性が高い．均質でない材料を用いて実験を行うと，誤差分散が増大し，実験の精度を落すことになる．

②実験環境…実験環境に明らかな差異があるとみられる場合，その環境の差異が実験で設定する処理の効果と重ならないようにすることが重要である．農学の圃場実験では，例えば，日照，土壌の水分含量や肥沃度などに明らかな差異が認められる場合，それらの環境の差異の影響が処理の効果と重ならないようにするために，反復のとり方や処理区の割り付け方を工夫する必要がある．環境の差の影響が処理の効果と重なると，処理の効果があるのに有意差を検出できなかったり，処理の効果がないのに見かけ上有意差が出たりして，結論を誤ることになりかねない．また，実験環境の管理が十分でなく，実験単位の間にランダムな変動があると，誤差分散が拡大して，実験精度を低下させることになる．

③実験技術…植物を育てる技術や特性の分析・測定の技術などが未熟であると，実験材料となる植物の生育が不均一になったり，分析や測定に伴う誤差が大きくなったりして，実験誤差が増大し実験精度を低下させる原因となる．精密な実験を行うことにより，実験誤差を縮小することが望ましい．洗練された技術で注意深く実験を行うことにより，実験の精度を高めることができる．

実験で得られるデータの精度を統計解析により高めることはできない．したがって，あらゆる手立てにより実験誤差を少なくする努力をすることが実験者の責務である．不注意によりもたらされる変動は，統計的推理の元とな

っている偶然性の法則に基づくランダムな変動には含められない.

　精密な実験技術のみが実験精度が高められる唯一の手段ではない. 実験精度は, 実験単位間のランダムな変動にも関連している. 実験を行う際に考えに入れておくべきポイントがいくつかある. まず, 均等は処理が重要である. 例えば, 果樹への肥料や農薬の散布, 牧草の刈り取りの高さ, 試験管への培地の充填など, いずれの場合も, 試験区ごとに等しい量を均等に処理するよう心がけなければならない. 不注意により, ランダムでない系統誤差が発生する. 例えば, 病害虫防除のための薬剤の効果を確かめる実験では, 均質な実験材料を用いて病害虫を均等に発生させたり, 肥料の効果を確かめる実験では, 均質な実験材料を注意深く管理した環境条件で育てたりすることがとくに重要である. また, 全試験を同時に実施できない場合, とくに圃場試験では, ブロック（反復）ごとに収穫し調査したり, 実験室内試験では, 全処理を一連のセットとして実験者や実験期日を変えて反復することもできる.

　不完全な技術より発生する実験誤差は, 二つの原因で拡大される. その一つは, 多少ともランダム性があり偶然性の法則に従う付加的な変動（無作為的変動）である. この変動は, 実験誤差から計算される変動係数（実験誤差/平均値）を調べることにより明らかにできる. データから推定される実験誤差が比較的大きいと判断される場合, その原因を丹念に調べてみる必要がある.

　不完全な実験により誤差が持ち込まれるもう一つの原因は, ミスなどによるランダムではない変動（系統的変動）である. これは, 偶然の法則には従わず, 測定値をみるだけでは分からない. これは統計解析によりある程度評価できるが, ここでは詳しく触れない. 実験技術が未熟であると, 系統誤差が測定値に持ち込まれることがある. これは, 実験誤差や処理平均の差異にではなく, 処理平均自身に影響する.

　測定値に変動をもたらす要因の効果には大小があり, ある要因の効果が他の要因の効果よりもかなり大きいことがある. 例えば, 牧草が生産する単位面積あたりのタンパク質量を考えてみよう. それは単位面積当たりの収量とタンパク質の含有率の関数である. 牧草の収量の変動は, タンパク質含有率の変動より大きくなる. その結果, タンパク質含有率よりも, 牧草の収量に

関する実験誤差を縮小する方が効果的である．いくつかの変動要因が存在する場合，大きな変動要因を優先的に管理するのが実験誤差を縮小する上で効果的である．

4．反復の意義と反復数

　ある実験において，同一処理が2回以上繰り返されていることを反復（または繰返し）という．反復または繰返しを設けることにより，次のことが可能となる．
　①実験誤差の推定
　②実験誤差の縮小による実験精度の向上
　③多様な実験単位を選択し活用することによる推論の範囲の拡大
　④反復の数やとり方による誤差分散の管理
　本書では，反復と繰返しを区別して使用することとする．処理（または因子）と水準の全組合せが完全なセットとして含まれるブロックを複数設けることを反復と呼び，それぞれの処理と水準の中に複数の実験単位を設けることを繰返しと呼ぶことにする．
　実験誤差は，統計的検定や信頼区間の推定に必要である．反復や繰返しを設けない実験では実験誤差の推定ができないため，処理区間あるいは実験単位間の差異は，観測値から直接推定（点推定）する以外に方法がなく，実験結果に基づく推論に客観性を持たせることができない．すなわち，実験誤差を推定する方法がない場合，観測される差異や変動が処理の効果によるのか，あるいは実験材料に備わった差異であるのかを判断することができない．
　反復（あるいは繰返し）のある実験では，一定の確率で母平均を含む範囲を推定（区間推定）することができる．さらに，反復数を多くとると，母平均の区間推定は，一層正確なものとなる．例えば，4反復の実験で5単位の差が検出できるとすると，16反復のある実験では，およそ半分の2.5単位の差異まで検出できることになる．
　反復数を多くとれば，実験の精度が高まり，信頼区間が縮小して統計的検定の精度を高めることができる．しかし，その反面，均質性の低い実験材料

を使う羽目になったり，実験環境の管理や実験技術に対する注意が散漫になったりして，かえって実験誤差を拡大してしまう恐れが出てくることを念頭におかなければならない．

　ある種の実験では，反復が実験の推理の幅を拡大する手段となる．標本抽出の範囲が広いほど，推論の適用範囲が拡大する．例えば，二つのタイプの土壌のある地域で，ある作物の品種の間に真の収量差があるかどうかを明らかにするとしよう．この実験の目的が両土壌型についての推論を引き出すことであるとすると，両土壌型を実験に含めなければならない．さらに，土壌型ごとに反復をとり，各反復内に品種を栽培し，試験区を含む区域は，土壌型ごとにできるかぎり均一にすべきである．しかし，反復間の差異は，分散分析などにより分離して評価できるので，反復間にある程度の条件の違いが存在しても差し支えない．

　圃場実験では，数年次にわたり実験が繰り返されることが多い．年により環境条件が変化し，異なる処理に対する年次の影響（処理×年次の相互作用）を知ることが重要になる．同様に，できるかぎり異なる環境条件の下で処理の効果を調べるために，異なる環境を利用して処理に対する場所の影響（処理×場所の相互作用）を評価することができる．時間（年次）的ならびに空間（場所）的繰り返しは，広い意味の反復と見なすことができよう．このような時空的反復を設けることにより，推論の幅を広げることができる．

　同様な原則は，研究室実験にも適用できる．実験全体を異なる実験者が数回にわたり繰り返し，実験室で可能な異なる条件の下で処理の再現性を確かめことができる．反復数は実験の精度に関連する．わずかな差異を検出するには，多くの反復を必要とする．

　全部の実験単位について観測を行うことが現実的でないことがある．例えば，飼料のタンパク質含量の測定や分子マーカーに関する変異の分析などでは，一部の実験単位をランダムに抽出して測定を行うのが効果的である．実験単位間の変動は，同一実験単位からの標本間の変動より大きいのが一般的である．また，実験誤差は，実験単位間の変動に基づいて推定される．このため，実験単位ごとにあまり多数の標本をとって化学的分析を行うことは

得策ではない．

　実験材料により変動の幅が異なることがよくある．例えば，土壌の均質度に差異がある場合，均質な土壌では反復は少なくて済むが，均質でない土壌では多くの反復が必要になる．また，作物の種類によっても均質度が異なり，必要な反復数も変わってくる．例えば，純系やクローンで繁殖される作物は，一般に均質度が高いが，他家受粉作物などでは，作物集団の均質度が低い傾向がある．

　処理数は，実験の精度に影響するばかりでなく，一定の実験精度を確保するのに必要な反復数にも影響する．こうした観点は，自由度が20以下というような小規模実験でとくに重要になる．標本数nが大きくなると，それに反比例して標準誤差$s_{Xm}(=s/\sqrt{n})$が小さくなる．したがって，10処理を比較する場合に比べ，2処理だけの比較実験では，同じ精度を確保するのに多くの反復（または繰り返し）が必要になる．

　さらに，実験計画によって，実験精度と必要な反復数が変わる．均質度の低い実験単位を利用せざるを得ない場合，実験単位当たりの誤差が大きくなるので，実験計画により調整する必要がある．

　資金や時間の制約により，反復数が十分にとれない場合がある．その場合，十分な資金が得られてから実験を計画するとか，処理数を減らして十分な反復と精度を確保するのが得策である．実際的な反復数の設定にあたっては，実験に要するコストが実験で得られる情報の価値を上回らないようにしなければならない．

5．ランダム化

　標本をランダムに抽出したり，試験区をランダムに配置したりすることをランダム化という．ランダム化することにより，実験誤差や処理区平均の不偏推定値（標本数を増すと限りなく母数に近づく偏りのない推定値）が得られる．また，実験の場において，系統誤差が発生するおそれがある場合，実験単位への処理の割付をランダムに行うことにより，系統誤差の発生を少なくする必要がある．

ランダム化は，近代の実験計画論を特徴づける概念であり，イギリスの統計学者 R. A. Fisher によって提案された．ランダム化に必要な乱数は，コインやサイコロを投げて発生させることもできるが，一般には乱数表や乱数発生プログラムを活用するのがよい．ランダムと偶然とは同じ意味ではなく，ランダム化によっては，実験技術の不備を補うことはできない．

一般統計学では，科学的な実験や調査により得られるデータは，母集団から取り出された標本とみなし，標本から計算される標本平均や標本分散などの統計量により母集団の母平均や母分散などの母数（パラメータ）を推定する．この際，標本の抽出がランダムに行われないと，推定値が偏ってしまって，正しい推定値が得られない．

処理平均間の比較において，偏りをなくすには特定の処理がとくに有利あるいは不利な扱いを受けないようにすることが肝心である．それには，ある処理（因子）がいずれの実験単位に割り当てられる確率をも等しくするために，処理をランダムに実験単位に割り付けることが重要となる．Cochran & Cox (1957) によると，「ランダム化は，保険に類似するところがある．すなわち，起こるがどうかわからない上に，起こっても深刻になるかどうかもわからない障害に対する備え」と言える．

実験単位に処理が作為的に（ランダムではなく）割りふられると，処理の効果と環境の差異などによる実験単位間の差異とが重なってしまったり，実験誤差が過大（あるいは過小）に評価されたりしてしまうおそれがある．

例えば，日照や栄養のよい環境に特定の処理のみが割り付けられると，統計的に処理の効果が検出できたとしても，それが真に処理の効果なのか，環境条件の違いによる実験単位間の本来の差異なのか，あるいは両者が重なった結果なのか判定できない．また，ランダム化が不十分であると，実験誤差が適正に評価できず，それが過大に評価されると，実際には処理の効果が存在するのに，有意差を見い出せなかったり，逆に実験誤差が過小に評価されると，処理の効果が実際には存在しないにもかかわらず，見かけ上の有意差が出てしまう．いずれにしても，誤った結論をだしてしまうことになりかねない．圃場実験では，こうした状況にしばしば遭遇する．

圃場試験では，離れた試験区より隣接する試験区の方が環境や生産力が似かよっていることが経験的に知られている．したがって，反復ごとに処理を同じ順序に配置すると，処理間差異を比較する精度が変わってしまう可能性がある．空間的（または時間的）にかけ離れた処理間の比較よりは，時空的に近接する処理間の比較の方が精度が高くなる．したがって，ランダム化により，より一層適正な有意性検定が可能となる．

6．局所管理

　農学実験では，実験条件を均一にできる一つのブロックの中に，処理（因子）と水準の全ての組合せを含め，複数のブロックを空間的あるいは時間的に反復することが多い．空間的反復とは，実験に必要な処理（因子）・水準の全組合せを含むブロックを圃場の区画や異なる実験者などに割り当てて，実験を反復することをいう．時間的反復とは，実験者や測定の期日を変えて，実験を反復することをいう．

　この場合，ブロックとなるのは圃場の区画，一度に供試できる植物個体数や収穫物数，組織培養で1人が一度に置床できる外植体やカルスの数などが考えられる．時空的な反復の単位となるブロックの間に実験条件に多少の違いがあっても実験精度を大きく損なうことはないが，ブロック内の条件はできるだけ均一にすることが望ましい．ブロック内の条件を斉一にする操作が局所管理である．局所管理により，ブロック内の均一性を高めて，実験誤差を縮小することができる．

　時空的に広範な環境で行われる農学実験では，実験環境の不斉一性に起因する系統誤差の多くの部分をブロック間分散として，誤差分散から差し引くことがきわめて効果的である．また，局所管理による誤差の縮小により実験精度を高めることができる．

7. 主効果と相互作用

　主効果とは，処理（または因子）自体の直接的効果をあらわし，相互作用とは，処理（因子）間の働き合いによる効果をあらわし，ある処理が他の処理の効果に影響する程度を示す．

　例えば，ある作物の2品種（A1とA2）を窒素施肥水準の異なる2条件（B1とB2）で栽培した時の収量が図6.1に示すように，それぞれA1B1（= 15），A1B2（= 25），A2B1（25），A2B2（= 70）であるとする．

　品種の主効果は，(A2B2 + A2B1 − A1B2 − A1AB1) / 2 = (70 + 25 − 25 − 15) / 2 = 27.5 あり，施肥の効果は，(A2B2 − A2B1 + A1B2 − A1B1) / 2 = (70 − 25 + 25 − 15) / 2 = 27.5 である．品種と施肥の相互作用効果は，(A2B2 − A2B1 − A1B2 + A1B1) / 2 = (70 − 25 − 25 + 15) / 2 = 17.5 となる．

　この結果，A1品種よりA2品種の方が27.5ほど収量が高く，施肥により同じく27.5ほど増収することがわかる．さらに，A1品種よりもA2品種の方が肥料に対する反応性が高く，その効果が17.5であることがわかる．

　処理が2種類（AとB）の時は，A×Bというただ一種の一次相互作用だけ

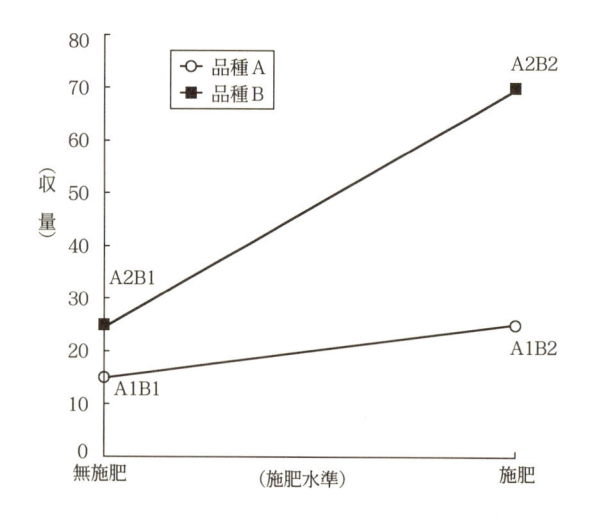

図6.1　品種×施肥の相互作用

が生ずる．処理が3種類（A，B，C）になると，A×B，A×C，B×Cという3種の一次相互作用とともに，A×B×Cという二次の相互作用が生ずることになる．

　n種類の処理を想定すると，一次相互作用は，n個から2個の処理を取り出す組合せとなり，${}_nC_2 = n!/2!(n-2)!$種類存在し，二次の相互作用は，n個から3個の処理を取り出す組合せ数，すなわち${}_nC_3 = n!/3!(n-3)!$種類存在する．そして，最高次の$n-1$次の相互作用は，${}_nC_{n-1} = n!/(n-1)!1!$で，ただ1種類だけとなる．

　一般に，一次あるいは二次の相互作用は，生物学的な意味を解釈することができるが，三次以上の高次の相互作用は，生物学的な意味の解釈が困難になる場合が多い．このため，高次の相互作用は，誤差と見なして主効果や低次の相互作用の有意性の検定に利用される．

第 7 章　一元配置実験

　一元配置の実験とは，処理（または因子）を一つとりあげて複数の水準を設定し，処理による特性値の変化を調べる実験である．単純であるが，きわめて基本的な実験計画である．
　この実験計画とデータの分析の仕方を学ぶことにより，実験モデルの設定，自由度や偏差平方和の分割，分散分析，統計的検定などの統計解析の原理や方法の基本を理解することができる．

　例1：イネの株収量に及ぼす窒素質肥料の効果をみる目的で，窒素肥料をm^2当たり0，5，10，15g施用した区の各10個体の株収量を調べる実験
　例2：20品種のダイズを地力の均一な土壌で栽培し，品種当たり10株の着莢数を計測し，ダイズの着莢数の品種間差異を明らかにする実験

1．試験区の設定とデータの形式

　一元配置実験では，1種類の処理（要因）に複数（n）水準を設け，各水準の中でr回の繰返しを行う．一元配置実験の試験区の構成は，表7.1のようになる．
　$_jPi$は，i番目の処理水準のj番目の繰返しをあらわし，$_jPi$と$_jPk$との間には対応がないこと（例えば，別の植物体であることなど）を示している．一元配置実験では，処理内にn個の水準があり，各水準にr回の繰返しがある$n \times r$個の試験区からなる．

表7.1　一元配置実験の試験区設定

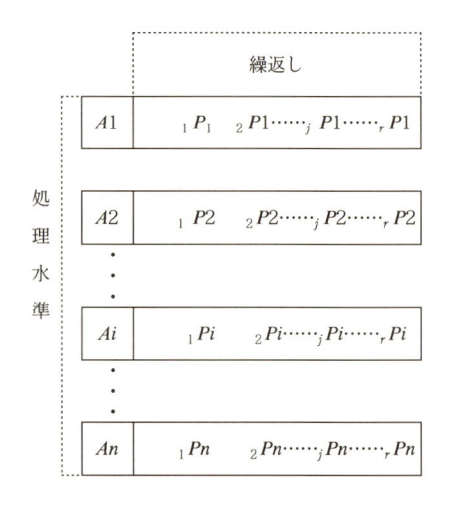

処理水準	繰返し
$A1$	$_1P_1$　$_2P1$……$_jP1$……$_rP1$
$A2$	$_1P2$　$_2P2$……$_jP2$……$_rP2$
⋮	
Ai	$_1Pi$　$_2Pi$……$_jPi$……$_rPi$
⋮	
An	$_1Pn$　$_2Pn$……$_jPn$……$_rPn$

ポットや鉢に植物を栽培したり，試験管で組織や細胞を培養する場合など，試験区を自由に移動して配列し直すことができる．そのときには，$n \times r$の全試験区を全く任意に配列（完全任意配列）し，頻繁に並べ変えたりすることにより，試験区配列の完全なランダム化が可能となる．しかし，圃場に栽培される作物などの場合，実際には処理水準をまとめてブロックとして扱わなければならない．その際には，処理水準をランダムに配列した上で，処理水準ごとに繰返しを設ける．

一元配置実験で得られるデータは，n処理水準ごとにr回の繰り返しがある場合，n行×r列の二次元表となるが，行方向の合計や平均は，処理水準の効果をあらわす．しかし，列方向の繰返し別の合計や平均は意味を持たない．

1方向（行方向）の分類のみが有効であることから，一元配置実験で得られるデータは，一重分類データと呼ばれる．

この場合，行の合計は処理水準ごとの和$\Sigma_j X_{ij} = X_{i.}$を，また，それらの合計は，総計$\Sigma_{ij} X_{ij} = \Sigma_i X_{i.} = X_{..}$などと表示する．

2．モデルと自由度の分割

一重分類データは，表7.2のような構造になっていて，i番目の処理，j番目の繰返しの観測値X_{ij}を次のような線形モデルであらわすことができる．

$$X_{ij} = \mu + a_i + e_{ij} \tag{7-1}$$

このモデルは，μは母平均をあらわす定数である．また，a_iは処理の主効果（因子Aの主効果）をあらわす変数で，その合計は0となる（$\Sigma_i a_i = 0$）．また，e_{ij}は誤差の効果をあらわす変数で，母平均0で母分散σ^2の正規分布に従う$\{e_{ij} \in N(0, \sigma^2)\}$と仮定する．

このモデルによれば，観測データの全自由度$nr-1$は，処理の効果に対応する自由度と，誤差に対応する自由度とに分割することができる．前者は，処理数がnであることから$n-1$となり，後者は，各処理水準内の自由度$r-1$をプールして，$n(r-1)$となる．両者を加え合わせると，$(n-1)+n(r-$

1) $= nr - 1$ となる。なお,処理水準ごとに繰返し数が異なる場合,誤差の自由度は, $\Sigma_i (r_i - 1)$ となる.

3. 分散分析と F 検定

全自由度が処理効果と誤差効果に対応して分割できたように,観測値の全平均からの偏差 $(X_{ij} - Xm)$ を処理の効果による偏差 $(Xm_i - Xm)$ と誤差による偏差 $(X_{ij} - Xm_i)$ とに分けることができる.

$$(X_{ij} - Xm) = (Xm_i - Xm) + (X_{ij} - Xm_i) \qquad (7-2)$$

(7-1) 式との関連では, $(Xm_i - Xm)$ が a_i に対応し, $(X_{ij} - Xm_i)$ が e_{ij} に対応する.上式の偏差の分割に対応し,同様に偏差平方和を処理による偏差平方和と誤差による偏差平方和とに分けることができる.さらに,表7.2に示したように,処理平均の偏差 $(Xm_i - Xm)$ と誤差による偏差 $(X_{ij} - Xm_i)$ とが互いに独立で直交しており,全体の偏差 $(X_{ij} - Xm)$ が直角三角形の斜辺をな

表7.2 一元配置実験の一重分類データ

処理水準	繰返し								処理水準計	総計
T1	X11	X12	X13	・・	X1j	・	・	X1r	X1.	
T2	X21	X22	X23	・・	X2j	・	・	X2r	X2.	
T3	X31	X32	X33	・・	X3i	・	・	X3r	X3.	
・										
・										
・										
Ti	Xi1	Xi2	Xi3	・・	Xij	・	・	Xir	Xi.	
・										
・										
・										
Tn	Xn1	Xn2	Xn3	・・	Xnj	・	・	Xnr	Xn.	X..

注)処理内の繰り返し数は,同一でなくてもよい.

すことから,ピタゴラスの定理により,次の関係が成り立つ.

$$\Sigma_{ij}\ (X_{ij} - Xm)^2 = \Sigma_{ij}\ (Xm_i - Xm)^2 + \Sigma_i\ \{\Sigma_j\ (X_{ij} - Xm_i)^2\} \quad (7-3)$$

次のような式の展開により,これは自明である.
$$\begin{aligned}
\Sigma_{ij}\ (X_{ij} - Xm)^2 &= \Sigma_{ij}\ \{(Xm_i - Xm) + (X_{ij} - Xm_i)\}^2 \\
&= \Sigma_{ij}\{(Xm_i - Xm)^2 + 2(Xm_i - Xm)(X_{ij} - Xm_i) \\
&\quad + (X_{ij} - Xm_i)^2\} \\
&= r\Sigma_i(Xm_i - Xm)^2 + \Sigma_{ij}\ (X_{ij} - Xm_i)^2 \\
&\quad + 2r\Sigma_i\ (Xm_i - Xm)\ \{\Sigma_j\ (X_{ij} - Xm_i)\} \\
&= r\Sigma_i(Xm_i - Xm)^2 + \Sigma_{ij}\ (X_{ij} - Xm_i)^2 \\
&\quad \{\because \Sigma_i\ (Xm_i - Xm) = 0\}
\end{aligned}$$

これらの関係を踏まえた一重分類データの分散分析は,次の通りとなる.なお,各偏差平方和は,次の式で簡便に計算することができる.

$$\begin{aligned}
\text{SST} &= \Sigma_{ij}\ (X_{ij} - Xm)^2 = \Sigma_{ij}X_{ij}^2 - 2XmX.. + nrXm^2 \\
&= \Sigma_{ij}X_{ij}^2 - X..^2/nr \quad (\because Xm = X../nr) \\
\text{SSA} &= r\Sigma_i\ (Xm_i - Xm)^2 = r\Sigma_i\ Xm_i^2 - 2rXm\Sigma_iXm_i + nrXm^2 \\
&= \Sigma_iX_{i.}^2/r - X..^2/nr \quad (\because Xm_i = X_{i.}/r,\ Xm = X../nr) \\
\text{SSE} &= \Sigma_{ij}\ (X_{ij} - Xm_i)^2 = \Sigma_{ij}X_{ij}^2 - 2\Sigma_{ij}\ X_{ij} \cdot Xm_i + \Sigma_i rXm_i^2 \\
&= \Sigma_i\ (\Sigma_jX_{ij}^2 - X_{i.}^2/r) \quad (\because Xm_i = X_{i.}/r,\ \Sigma_jX_{ij} = X_{i.})
\end{aligned}$$

処理水準ごとに繰返し数が異なる場合,処理および誤差の偏差平方和は,次の式で求められる.
$$\text{SST} = \Sigma_iX_{i.}^2/r_i - X..^2/\Sigma_ir_i$$
$$\text{SSE} = \Sigma_i\ (\Sigma_jX_{ij}^2 - X_{i.}^2/r_i)$$

この分散分析モデルでは,処理分散 (VA) の期待値が $\sigma^2 + r\kappa_A^2$ であり,誤差分散 (VE) の期待値が σ^2 であり,処理による分散成分の期待値が κ_A^2 である.

第7章 一元配置実験

表7.3 一重分類データの分散分析

要因	自由度	偏差平方和	分散	分散の期待値
処理	$n-1$	$SSA = \Sigma_i X_{i.}^2/r - X_{..}^2/nr$	$VA = SSA/(n-1)$	$\sigma^2 + r\kappa_A^2$
誤差	$n(r-1)$	$SSE = \Sigma_i (\Sigma_j X_{ij}^2 - X_{i.}^2/r)$	$VE = SSE/n(r-1)$	σ^2
合計	$nr-1$	$SST = \Sigma_{ij} X_{ij}^2 - X_{..}^2/nr$		

注)SSA + SSE = SST, n:処理水準数, r:繰返し数

したがって,誤差分散に対する処理分散の比(F)の期待値は,$1 + r\kappa_A^2/\sigma^2$ となり,これら二つの分散比の有意性の検定は,$F=1$ とする帰無仮説を立てて行う.実際の分散比の検定では,処理の分散(VA)を誤差分散(VE)で割って得られる F 値(Fc)と F 表の値(分子の自由度 $n-1$ と分母の自由度 $n(r-1)$ の5%(または1%)水準の F 値($F_{0.05}$)と比較する.そして,前者が後者より大きければ($Fc > F_{0.05}$ ならば),帰無仮説を棄却し,処理分散が5%水準で誤差分散よりも有意に大きいと判定される.この場合,いずれかの処理平均値の間に5%水準で有意差が存在すると判断する.

分散分析の結果,処理の分散が5%(または1%)水準で有意な場合,第4章述べた Duncan の多重比較検定により,処理平均値間の有意差検定を行う.

一元配置実験は,最も単純なモデルに基づいて計画と解析が行われる.それだけに,活用場面が広範囲に及ぶばかりでなく,自由度や偏差平方和の分割の原理を理解するにも好都合である.また,処理区平均値の多重比較検定のやり方は,どんな種類の実験結果の分析にも応用できる.

4. 分析と検定の例

表7.4 は,A〜F の6種類の根粒菌の菌系を5株のアカクローバに接種し,アカクローバの窒素含有量を測定したデータである.この場合,列が処理,行が株(繰り返し)をあらわす.列の平均は,処理の効果をあらわすが,行の構成員の間には対応関係はなく,行の平均は意味を持たない.処理の水準によってのみデータが分類されことから,一重分類データと名付けられている.

このデータを表7.3の分散分析モデルに基づき，要因ごとの偏差平方和を計算する．まず，全体の偏差平方和を計算する．

$$\text{SST} = \Sigma_{ij}X_{ij}^2 - X..^2/nr = (19.4^2+32.6^2+27.0^2+\cdots+19.1^2+16.9^2+20.8^2)$$
$$- (19.4 + 32.6 + 27.0 + \cdots + 19.1 + 16.9 + 20.8)^2/6 \times 5$$
$$= 12994.36 - 596.6^2/30 = 1129.975$$

次に，菌系間の偏差平方和を計算すると，

$$\text{SSA} = \Sigma_i X_i^2/r - X..^2/nr = (144.1^2+119.9^2+73.2^2+99.6^2+66.3^2+93.5^2)/5$$
$$- 596.6^2/30 = 12711.432 - 11864.385 = 847.047$$

最後に，誤差の偏差平方和を求めると，次のようになる．

$$\text{SSE} = \Sigma_i(\Sigma_i X_{ij}^2 - X_i^2/r) = (4287.53 - 144.1^2/5) + (2932.27 - 119.9^2/5)$$
$$+ (1139.42 - 73.2^2/5) + (1989.14 - 99.6^2/5)$$
$$+ (887.29 - 66.3^2/5) + (1758.71 - 93.5^2/5)$$
$$= 134.568 + 57.068 + 67.772 + 5.108 + 8.152 +$$
$$10.260 = 282.928$$

検算すると，SSA + SSE = 847.047 + 282.928 = 1129.975 = SST となる．

表7.4 異なる根粒菌を接種したアカクローバの窒素含有量におよぼす効果 (Steel & Torrie 1960)

要因	菌系A	菌系B	菌系C	菌系D	菌系E	菌系F
株1	19.4	17.7	17.0	20.7	14.3	17.3
株2	32.6	24.8	19.4	21.0	14.4	19.4
株3	27.0	27.9	9.1	20.5	11.8	19.1
株4	32.1	25.2	11.9	18.8	11.6	16.9
株5	33.0	24.3	15.8	18.6	14.2	20.8

こうして求めた要因別の偏差平方和をそれぞれの自由度で割ると，各要因ごとの分散を計算できる．これらの計算結果を整理すると，表7.5のようになる．

そこで，菌系の違いによる分散が誤差分散と比較して有意に大きいか否かの統計的検定を行う必要がある．第4章で説明した通り，異なる母集団からとられた標本の分散比は，F分布をすることが知られている．F検定では，

表7.5 根粒菌接種データの分散分析結果

要因	偏差平方和	自由度	分散	F値	判定
菌系	847.047	5	169.409	14.37	**
誤差	282.928	24	11.789		
全体	1129.975	29			

注) ** : 1％水準で有意

「分子となる分散と分母となる分散が統計的に等しい」とする帰無仮説を設定する．

ところで，誤差分散の自由度が24であり，菌系分散の自由度が5であるから，F分布表の分母と分子の自由度がそれぞれ24と5に相当する1％有意水準のF値（$F_{0.01}$）をみると3.90であることがわかる．このF表の値とデータから計算されたF値（$Fc = 14.37$）とを比較する．$Fc = 14.37 \gg F_{0.01} = 3.90$であるから，帰無仮説が棄却される．その結果，菌系分散は1％水準で，有意に誤差分散より大きいと判定される．このことは，いずれかの菌系平均値の間に1％水準で有意な差異があると見ることができる．

そこで，どの菌系平均値の間に有意な差異があるのかを明らかにするため，Duncanの多重比較検定を行う．まず，DuncanのSSR係数表（付表5）から，有意水準1％で誤差の自由度24（自由度20で近似）に相当し，検定範囲が2から6にわたるSSR係数を書き出す．これらの5個のSSRに標準誤差$s_{Xm} = \sqrt{11.789/5} = 1.536$を乗じて，5個のLSR値を求める．

次に，菌系ごとの平均値を大きさの順に並べ換え，菌系：A＞B＞D＞F＞

比較の範囲	LSR2	LSR3	LSR4	LSR5	LSR6
SSR（1％水準）	4.024	4.197	4.312	4.395	4.459
LSR（SSR×1.536）	6.180	6.447	6.623	6.750	6.849

C＞Eの全ての処理間の差を比較する．まず，菌系Aの28.82と菌系Bの23.98との差4.84を最初のLSR2の6.180と比較する．前者が後者より小さいので，両平均値間には1％水準で有意差はないと判定する．次に，菌系Aの平均値28.82と菌系Dの平均値19.92とを比較し，その差8.9が2番目のLSR3 = 6.447より大きいので，両平均値間には有意差があるとみる．同様に，全ての平均値間の比較を行い，有意差のない平均値には，同じ英文字（例えばaなど）を付け，有意差のある平均値には，異なる英

表7.6 菌系平均値の多重比較検定の結果

菌系名	菌系A	菌系B	菌系D	菌系F	菌系C	菌系E
平均値	28.82	23.98	19.92	18.70	14.64	13.26
検定結果	a	a				
		b	b	b		
				c	c	c

注) 1％有意水準で検定

文字(例えばaとbなど)を付ける. このようにして，表7.6のような検定結果が得られる.

この表の検定結果は，次のように解釈できる. 菌系AとB, 菌系B, D, F, さらに菌系F, C, Eの間には有意差はなく，菌系AとD, F, C, E, 菌系DとAやC, E, また，菌系C, EとA, B, Dとの間には，有意な差異が存在するとみることができる.

5．一元配置の原理を活用したグリッド方式

アメリカ合衆国農務省のGardner (1961) は，広い圃場に栽培されているトウモロコシの雑種集団の中から，遺伝的に草丈が低く諸特性の優れた植物個体を効率よく選び出す方法として，グリッド方式を提案した.

このグリッド方式では，広い圃場を多数のグリッド(格子状区画)に分け，各グリッドの中から最も草丈が低く，その他の生産特性も優れた植物を選んだ. こうすることにより，生育場所の栄養条件の違いなどによる環境の影響を大幅に縮減できることを統計的に明らかにした.

その原理は次の通りである. 第1部の冒頭で述べた通り，植物形質の表現型の計測値 (P) は，遺伝効果 (G, ゲノムまたは遺伝子型の効果)，環境効果 (E, 生育条件などの違いによる影響)，両者の相互作用の効果 (GE) の和に誤差 (ε) が加わった結果と考えることができる. すなわち，$P = G + E + GE + \varepsilon$ となる. したがって，表現型分散 (σ_P) は，それぞれの要因別分散の和となる.

$$\sigma_P{}^2 = \sigma_G{}^2 + \sigma_E{}^2 + \sigma_{GE} + \sigma^2 \tag{7-4}$$

植物育種においては，表現型の特性値をもとにして人為選抜が行われる.

そこで，環境の影響による変動（σ_E^2とσ_{GE}）を小さくして，遺伝率（σ_G^2/σ_P^2）をできるだけ大きくすれば，人為選抜の効率を高めることができる．

　Gardnerの提案したグリッド方式では，圃場を多数のグリッドに分割することにより，環境分散σ_E^2をグリッド間の分散（$\sigma_{E(B)}^2$）とグリッド内の分散（$\sigma_{E(W)}^2$）に分けることに成功した．$\sigma_E^2 = \sigma_{E(B)}^2 + \sigma_{E(W)}^2$．実は，ここに一元配置実験の原理が潜んでいる．一元配置実験では，全分散を処理水準間と処理水準内の分散に分割している．一元配置実験の原理によれば，グリッド内分散は，個々のグリッドの中の環境分散（$\sigma_{E(W)i}^2$）をプールしたものである．すなわち，$\sigma_{E(W)}^2 = \Sigma_i \sigma_{E(W)i}^2$とあらわすことができる．したがって，$\sigma_E^2 = \sigma_{E(B)}^2 + \sigma_{E(W)}^2 > \sigma_{E(W)}^2 \gg \sigma_{E(W)i}^2$となることは，自明である．

　ところで，全圃場から選抜するとすれば，選抜者は全環境分散σ_E^2を相手にしなければならないが，グリッドごとに選抜すれば，全環境分散よりはるかに小さいグリッド内の環境分散$\sigma_{E(W)i}^2$だけを相手にすればよいことになる．したがって，グリッド方式では環境分散が大幅に縮小するばかりでなく，連動して相互作用分散も縮小し，その分遺伝率が高まり，選抜の効率がよくなる．このことを数式で比較すると，次の通りになる．

　全圃場選抜の遺伝率は，$h^2 = \sigma_G^2 / (\sigma_G^2 + \sigma_E^2 + \sigma_{GE} + \sigma^2)$

　グリッド方式の遺伝率は，$h_{gr}^2 = \sigma_G^2 / (\sigma_G^2 + \sigma_{E(W)i}^2 + \sigma_{GEi} + \sigma^2)$となり，次の二つの理由により，$h^2 < h_{gr}^2$は，明らかである．

（1）$\sigma_{E(W)i}$：i番目のグリッド内環境分散で，σ_E^2よりはるかに小さい．

（2）σ_{GEi}：i番目のグリッド内の相互作用分散で，σ_{GE}より小さい．

　以上のことから，一元配置実験の原理を活用したグリッド方式は，労せずして環境分散を削減し遺伝率を高めることにより，植物育種における個体選抜の効率を向上させることに成功した巧みな着想と言える．

6．演習問題

ヤムイモの1種ダイジョの10地方品種，それぞれから作った3クローン（栄養繁殖により作った系統）5株の葉身長を計測して，繰返しのある一重分類データを得た．このデータを分散分析して，品種内クローン間に有意な変異があるか否かを調べよ．

なお，データは，次のモデルにしたがって分析できる．

$$X_{ijk} = \mu + a_i + b_{ij} + e_{ijk}$$

このモデルに基づく分散分析は，次の表の計算式を使って行うことができる．

表7.7 ダイジョの葉身長に関する繰返し付き一重分類データ（出田ら，未発表）

品種	クローン	株1	株2	株3	株4	株5
2	1	9.7	9.0	9.1	10.0	9.4
	2	10.6	9.7	10.6	11.5	11.2
	3	10.9	11.5	10.0	9.6	11.4
5	1	11.6	10.8	14.1	10.8	14.0
	2	11.9	10.8	11.1	11.0	14.8
	3	11.0	10.0	13.5	13.8	11.9
9	1	9.6	11.5	10.7	10.3	9.2
	2	10.8	10.2	11.0	11.9	10.7
	3	10.5	11.0	11.2	10.8	10.1
11	1	11.8	11.9	9.8	10.1	10.0
	2	12.8	10.3	12.3	10.3	10.8
	3	10.0	10.1	11.0	10.0	11.4
12	1	9.8	10.3	11.1	12.5	5.8
	2	6.5	7.3	10.0	9.6	10.2
	3	11.4	10.0	10.9	11.6	10.2

表7.8 繰返し付き一重分類データの分散分析

要因	自由度	偏差平方和の計算式	分散の期待値
品種	4	$SSV = \Sigma_i X_{i..}^2 / 15 - X_{...}^2 / 75$	$\sigma^2 + 15 \kappa_V^2$
クローン	10	$SSC = \Sigma_i (\Sigma_j X_{ij.}^2 / 5 - X_{i..}^2 / 15)$	$\sigma^2 + 5 \kappa_C^2$
誤差	60	$SSE = SST - SSV - SSC$	σ^2
合計	74	$SST = \Sigma_{ijk} X_{ijk}^2 - X_{...}^2 / 75$	

第8章 繰返しのある二元配置実験

繰返しのある二元配置実験では，二つの異なる種類の処理（または因子）を取りあげて，処理ごとに複数の水準を設定して，全ての処理水準組合せごとに，実験単位の繰返しを設けて実験を行う．繰返しのない二元配置実験のデータの分析は，第9章で述べる乱塊法と同様の方法で行うことができる．

例1：5種類の異なるイネ品種を3段階の施肥水準で5ポットずつ栽培して，株収量を調べる実験

例2：ヤムイモのある品種に，アブシジン酸とジャスモン酸という2種類の植物ホルモンをそれぞれ3段階の濃度で与え，塊茎の肥大に対する効果を調べる実験

1．試験区の設定

2種類の処理，例えば処理Aと処理Bをそれぞれnおよびm水準設定すると，$n \times m$種類の処理・水準の組合せができる．そして，それぞれの処理・水準ごとにr回の繰返しを設けると，全部で$n \times m \times r$の試験区が必要となる．

実験の規模が大きくなるほど，多くの試験区（あるいは実験単位）が必要になり，均質な実験環境を確保することが難しくなる．二元配置実験の設定は，表8.1のようになる．例えば，$_kPij$は，A処理i水準，B処理j水準のk番目の繰返しの試験区をあらわしている．この場合，処理A並びに処理Bの各水準はランダムに割りふるとともに，繰返し標本もランダムに抽出することが必要となる．

例えば，5種類のイネ品種をポットに栽培して，三つの施肥水準で窒素肥料の効果を調べる実験を想定すると，$5 \times 3 = 15$の処理と水準の組合せが必要になる．この場合，各処理区に3ポットの繰り返しを設けるとすると，全部で45個のポットにイネを栽培する必要がある．

実験の精度を高めるためには，45個のポットを配列する環境を注意深く管理して，日当たり方や灌水の仕方などの違いによる生育むらを可能な限り少

表8.1 繰返しのある二元配置実験の試験区配置

処理水準	$B1\cdots$		$\cdots$	$Bj\cdots$		$\cdots$	Bm	
$A1$	$A1B1$			$A1Bj$			$A1Bm$	
·	$_1P11, {}_2P11, {}_3P11,$ $\cdots {}_kP11, \cdots {}_rP11$		$\cdots$	$_1P1j, {}_2P1j, {}_3P1j,$ $\cdots {}_kP1j, \cdots {}_rP1j$		$\cdots$	$_1P1m, {}_2P1m, {}_3P1m,$ $\cdots {}_kP1m, \cdots {}_rP1m$	
·	·			·			·	
Ai	$AiB1$ ·			$AiBj$ ·			$AiBm$ ·	
·	$_1Pi1, {}_2Pi1, {}_3Pi1,$ $\cdots {}_kPi1, \cdots {}_rPi1$		$\cdots$	$_1Pij, {}_2Pij, {}_3Pij,$ $\cdots {}_kPij, \cdots {}_rPij$		$\cdots$	$_1Pim, {}_2Pim, {}_3Pim,$ $\cdots {}_kPim, \cdots {}_rPim$	
·	·			·			·	
An	$AnB1$ ·			$AnBj$ ·			$AnBm$ ·	
	$_1Pn1, {}_2Pn1, {}_3Pn1,$ $\cdots {}_kP1n, \cdots {}_rP1n$		$\cdots$	$_1Pnj, {}_2Pnj, {}_3Pnj,$ $\cdots {}_kPnj, \cdots {}_rPnj$		$\cdots$	$_1Pnm, {}_2Pnm, {}_3Pnm,$ $\cdots {}_kPnm, \cdots {}_rPnm$	

なくする必要がある.

どんなに厳密に管理しても,わずかな環境の違いを完全になくすることはできない.また,ポットの周囲のミクロな環境は,近接しているほど類似し,離れるほど差異が大きくなる傾向があるばかりでなく,隣接する植物の生育の影響なども受ける.

したがって,処理区を一定の順番に配列したり,処理区ごとにポットをまとめて配列したりすると,環境の差異と処理の効果が重なって,系統的な歪みをデータに持ち込むことになる.これを避けるためには,ポットを全くランダムに配列するとともに,頻繁にポットの位置を変えるなどして,いずれのポットも等しいチャンスでいずれの環境変化にも遭遇するようにする.

2. データの形式

繰返しのある二元配置実験の試験区 $_kPij$ は,A処理のi番目の水準,B処理のj番目の水準,k番目の繰返しをあらわし,各処理・水準内の繰返しは互いに対応していない.

表8.2 繰返しのある二元配置実験で得られる二重分類データ

処理水準	$B1$	$B2$	$B3$	‥	Bj	‥	Bm	処理A計
$A1$	$X111$	$X121$	$X131$	‥	$X1j1$	‥	$X1m1$	
	$X112$	$X122$	$X132$	‥	$X1j2$	‥	$X1m2$	
	$X113$	$X123$	$X133$	‥	$X1j3$	‥	$X1m3$	
	・	・	・		・		・	
	$X11r$	$X12r$	$X13r$	‥	$X1jr$	‥	$X1mr$	
繰返し計	$X11.$	$X12.$	$X13.$	‥	$X1j.$	‥	$X1m.$	$X1..$
$A2$	$X211$	$X221$	$X231$	‥	$X2j1$	‥	$X2m1$	
	$X212$	$X222$	$X232$	‥	$X2j2$	‥	$X2m2$	
	$X213$	$X223$	$X233$	‥	$X2j3$	‥	$X2m3$	
	・	・	・		・		・	
	$X21r$	$X22r$	$X23r$	‥	$X2jr$	‥	$X2mr$	
繰返し計	$X21.$	$X22.$	$X23.$	‥	$X2j.$	‥	$X2m.$	$X2..$
・								
Ai	$Xi11$	$Xi21$	$Xi31$	‥	$Xij1$	‥	$Xim1$	
	$Xi12$	$Xi22$	$Xi32$	‥	$Xij2$	‥	$Xim2$	
	$Xi13$	$Xi23$	$Xi33$	‥	$Xij3$	‥	$Xim3$	
	・	・	・		・		・	
	$Xi1r$	$Xi2r$	$Xi3r$	‥	$Xijr$	‥	$Ximr$	
繰返し計	$Xi1.$	$Xi2.$	$Xi3.$	‥	$Xij.$	‥	$Xim.$	$Xi..$
・								
An	$Xn11$	$Xn21$	$Xn31$	‥	$Xnj1$	‥	$Xnm1$	
	$Xn12$	$Xn22$	$Xn32$	‥	$Xnj2$	‥	$Xnm2$	
	$Xn13$	$Xn23$	$Xn33$	‥	$Xnj3$	‥	$Xnm3$	
	・	・	・		・		・	
	$Xn1r$	$Xn2r$	$Xn3r$	‥	$Xnjr$	‥	$Xnmr$	
繰返し計	$Xn1.$	$Xn2.$	$Xn3.$	‥	$Xnj.$	‥	$Xnm.$	$Xn..$
処理B計	$X.1.$	$X.2.$	$X.3.$	‥	$X.j.$	‥	$X.m.$	$X...$

注)繰り返し数rは,処理水準ごとに同一でなくてもよい.

二元配置実験で得られるデータは,2種類の処理,AとBにそれぞれnおよびm個の水準があり,各処理水準ごとにr個の繰返しがあるため,$n \times m \times r$個となる.二元配置実験で得られるデータは,行・列の両方向に分類できることから二重分類データとも呼ばれ,$n \times m$個のセルごとにr回の繰り返しのある表となる.

3. モデルと自由度の分割

繰返しのある二元配置実験で得られる二重分類データは，表8.2のような構造になり，そのモデルは次のようになる．

$$X_{ijk} = \mu + a_i + b_j + (ab)_{ij} + e_{ijk} \qquad (8-1)$$

この線形モデルでは，a_i と b_j とがそれぞれ2種類の処理の主効果，$(ab)_{ij}$ は処理間の相互作用をあらわし，処理Aと処理Bの主効果並びに処理AとBの相互作用区効果の合計は，いずれも0となる $\{(\Sigma_i a_i = \Sigma_j b_j = \Sigma_{ij} (ab)_{ij} = 0)\}$．また，誤差の効果は，平均値0，分散 σ^2 の正規分布に従う $\{e_{ijk} \in N(0, \sigma^2)\}$ と仮定する．

全自由度 $nmr-1$ は，次のように分割することができる．処理Aの自由度は $n-1$，処理Bの自由度は $m-1$，AとBの相互作用の自由度は，Aの主効果とBの主効果の自由度の積で $(n-1)(m-1)$ となる．さらに，誤差の自由度は，$n \times m$ 個の処理×水準内の繰返しの自由度 $r-1$ をプールして $nm(r-1)$ となる．したがって，処理Aの主効果の自由度 $(n-1)$ ＋処理Bの主効果の自由度 $(m-1)$ ＋処理A×処理Bの相互作用の自由度 $(n-1)(m-1)$ ＋誤差の自由度 $nm(r-1)$ ＝全自由度 $(nmr-1)$ となる．

なお，処理水準ごとの繰り返し数が同一でない場合，誤差の自由度は，$\Sigma_{ij}(r_{ij}-1)$ となる．

4. 分散分析と F 検定

全体の自由度を処理A並びに処理Bの主効果，両者の相互作用効果，誤差の効果に分割できたように，全平均値からの偏差 $(X_{ijk} - Xm)$ を次のように分割できる．

$$\begin{aligned}(X_{ijk} - Xm) &= (Xm_i - Xm) + (Xm_j - Xm) + (Xm_{ij} - Xm_i - Xm_j + Xm) \\ &\quad + (X_{ijk} - Xm_{ij}) \qquad (8-2)\end{aligned}$$

この式では，$Xm = X.../nmr$，$Xm_i = X_{i..}/mr$，$Xm_j = X_{.j.}/nr$，$Xm_{ij} = X_{ij.}/r$ である．

式の右辺の第1項は処理Aの効果，第2項は処理Bの効果，第3項はAとBの相互作用効果，そして第4項が誤差の効果をあらわしている．すなわち(8－1)式との関連では，$(Xm_i - Xm)$ が a_i，$(Xm_j - Xm)$ が b_j，$(Xm_{ij} - Xm_i - Xm_j + Xm)$ が $(ab)_{ij}$，$(X_{ijk} - Xm_{ij})$ が e_{ijk} にそれぞれ対応している．

これらの偏差は互いに独立な関係にあることから，いずれの偏差の間の積和も0となる．したがって，全自由度が処理の主効果，相互作用並びに誤差の自由度に分割できたのと同様に，全偏差平方和を処理A，処理B，相互作用A×B並びに誤差の各効果に対応する偏差平方和に分割することができる．

$$\Sigma_{ijk}(X_{iji} - Xm)^2 = \Sigma_i(Xm_i - Xm)^2 + \Sigma_j(Xm_j - Xm)^2 + \Sigma_{ij}(Xm_{ij} - Xm_i - Xm_j + Xm)^2 + \Sigma_{ijk}(X_{ijk} - Xm_{ij})^2 \quad (8-3)$$

それぞれの偏差平方和は，次の式で簡便に計算することができる．

$\Sigma_{ijk}(X_{ijk} - Xm)^2 = \Sigma_{ijk}X_{ijk}^2 - X...^2/nmr = SST$ （全偏差平方和）
$\Sigma_i(Xm_i - Xm)^2 = \Sigma_i X_{i..}^2/mr - X...^2/nmr = SSA$ （処理Aの偏差平方和）
$\Sigma_j(Xm_j - Xm)^2 = \Sigma_j X_{.j.}^2/nr - X...^2/nmr = SSB$ （処理Bの偏差平方和）
$\Sigma_{ij}(Xm_{ij} - Xm_i - Xm_j + Xm)^2 = \Sigma_{ij}X_{ij.}^2/r - X...^2 - (SSA + SSB) = SSI$
　　　　　　　　　　　　　　　　　　　　　　　　（相互作用の平方和）
$\Sigma_{ij}(\Sigma_k X_{ijk}^2 - X_{ij.}^2/r) = SSE$ （誤差の偏差平方和）
$SST = SSA + SSB + SSI + SSE \quad (8-4)$

なお，これら中で主効果や相互作用の偏差平方和を求める式に含まれる $X...^2/nmr$ は補正項（CF）と名付けられ，総合計（$X...$）の2乗をデータの総個数（nmr）で割った値である．

いずれの偏差平方を求める場合にも，観測データまたはそれらの和の平方和をデータの個数で除して補正項を差し引けば，それぞれの偏差平方和が求

まる．誤差の偏差平方和を求める場合も原則は同じで，各処理水準ごとに，データの平方和から補正項（この場合，処理水準ごとの合計の平方をデータの個数で割った値）を差し引いて求め，全処理水準についてプールして求めることができる．一般には，誤差の偏差平方和は，全偏差平方和から要因別の偏差平方和を差し引いて計算する．

このように，いずれの偏差平方和もきわめて明解な原則により簡便に計算することができる．すなわち，データまたはその部分和の平方をデータの個数で割って加えた平方和から，補正項（関係するデータの総和の平方をデータの総個数で除した値）を差し引けばよい．

この偏差平方和を求める簡単な原則と自由度の分割の方法さえ習得しておけば，どのような構造のモデルの分散分析でも自由自在に行うことができるようになる．是非十分に習得しておかれたい．

繰返しのある二元配置実験で得られる二重分類データの分散分析は，表8.3に示す通り，自由度と偏差平方和の分割の原則に基づいて行うことができる．

なお，処理水準ごとに繰返し数の異なる場合，各偏差平方和は次の式で計算できる．

$$SSA = \Sigma_i X_{i\cdot\cdot}^2 / r_{i\cdot} - X_{\cdot\cdot\cdot}^2 / r_{\cdot\cdot}$$
$$SSB = \Sigma_j X_{\cdot j\cdot}^2 / r_{\cdot j} - X_{\cdot\cdot\cdot}^2 / r_{\cdot\cdot}$$
$$SSI = \Sigma_{ij} X_{ij\cdot}^2 / r_{ij} - X_{\cdot\cdot\cdot}^2 / r_{\cdot\cdot} - (SSA + SSB)$$
$$SSE = \Sigma_{ij} (\Sigma X_{ijk}^2 - X_{ij\cdot}^2 / r_{ij}) \tag{8-5}$$

このモデルの分散分析では，処理 A と処理 B の主効果並びに A×B の相互作用効果は，それぞれに対応する分散を誤差分散で割って分散比を求め，5％（または1％）有意水準の F 表の値と比較して有意性を検定する．

処理の主効果の分散が有意となれば，いずれかの処理区の平均値の間に有意な差異が存在することになる．その場合，前に述べた一重分類データの分析と同様にして，Duncan の多重比較検定により，いずれの処理・水準平均の間に有意な差異があるのかを調べることができる．

表8.3 繰返し付き二重分類データの分散分析

要因	自由度	偏差平方和の計算式	分散	分散期待値
処理A	$n-1$	$SSA = \Sigma_i X_{i..}^2/mr - X_{...}^2/nmr$	$VA = SSA/(n-1)$	$\sigma^2 + mr\,\kappa_A^2$
処理B	$m-1$	$SSB = \Sigma_j X_{.j.}^2/nr - X_{...}^2/nmr$	$VB = SSB/(m-1)$	$\sigma^2 + nr\,\kappa_B^2$
A×B	$(n-1) \times (m-1)$	$SSAB = \Sigma_{ij} X_{ij.}^2/r - X_{...}^2/nmr - (SSA + SSB)$	$VAB = SSI/(n-1)(m-1)$	$\sigma^2 + r\,\kappa_{AB}^2$
誤差	$nm(r-1)$	$SSE = \Sigma_{ij}(\Sigma_k X_{ijk}^2 - X_{ij.}^2/r)$	$VE = SSE/nm(r-1)$	σ^2
合計	$nmr-1$	$SST = \Sigma_{ijk} X_{ijk}^2 - X_{...}^2/nmr$		

注) $SST = SSA + SSB + SSI + SSE$, n: 処理Aの水準数, m: 処理Bの水準数, r: 繰返し数

5. 相 互 作 用

処理間の相互作用の効果の意味を理解するために，(8-2) 式の相互作用による偏差の項を変形すると，次のようになる．

$$(Xm_{ij} - Xm_i - Xm_j + Xm) = (Xm_{ij} - Xm) - (Xm_i - Xm) - (Xm_j - Xm) \tag{8-6}$$

この式の右辺をみると，第1項の $(Xm_{ij} - Xm)$ は，処理 A_i 水準と処理 B_j 水準との合同効果，第2項の $(Xm_i - Xm)$ は，処理Aにおけるi番目の水準の単独効果，第3項の $(Xm_j - Xm)$ は，処理Bのj番目の水準の単独効果をあらわしている．すなわち，2種の処理を同時に与えた時の効果から，それぞれの処理を別々に与えた時の効果を差し引いた残りの効果が2種の処理の相互作用効果ということになる．したがって相互作用がない時，すなわち $(Xm_{ij} - Xm_i - Xm_j + Xm) = 0$ の時は，$(Xm_{ij} - Xm) = (Xm_i - Xm) + (Xm_j - Xm)$ となり，2種類の処理を同時に与えた時の効果がそれぞれの処理を別々に与えた場合の効果の和に等しくなる．

換言すれば，2種の処理が相加的に作用する場合には，相互作用は現れない．相互作用があると言うことは，一方の処理の効果が他方の処理の影響により変化することを意味している．

6. 母数模型と変量模型

　表8.3の分散分析表の最右列に示した分散の期待値は，母数模型に基づくものである．母数模型では，分散分析による推論を一般化せずに，実験で用いた標本の範囲に限定する．これに対して，変量模型では実験で用いる標本や処理（あるいは因子）は，一般化の対象となる母集団からのランダムサンプルとみなし，分散分析による推論を一般化して全体に及ぼすことができる．

　例えば，イネの品種の地域適応性を調べる実験において，たまたま品種保存に栽培されていた関東地方の奨励品種を数品種供試して，群馬，栃木，茨城の3県の農業試験場の所在地で3年間にわたって栽培実験を行うとしよう．この場合，供試品種も試験場所も固定されているので，母数模型で分析を行い，「どのような品種がどのような環境で最大収量をあげられる」というような推論は，用いた品種，試験した場所と年度の範囲に限定される．「どうい特性を備えた品種が関東地方には適しているか」というような一般性のある結論を引き出すためには，変量模型による実験が望まれる．この場合，関東地方で栽培できる多数の品種の中から全くランダムに品種を選び，多様な環境を含む関東地方の多数の地点から全くランダムに試験地点を選定して，実験を行わなければならない．一般性のある結論を引き出すためとはいえ，現実には変量模型による実験を組むには困難が多い．一般には，母数模型による分散分析が行われる場合が多い．そこで，本書ではとくに断らないかぎり，原則として母数模型による分散分析を行うこととする．

　ちなみに，表8.3の分散分析において母数模型と変量模型とでは，分散の期待値が表8.4のようになる．分散分析における分散比のF検定は，各要因による分散成分が0，すなわち，分子となる分散と分母となる分散の期待値が等しい（$F=1$）とする帰無仮説を設定して行われる．したがって，母数模型と変量模型とではF検定の仕方が異なる．母数模型では，主効果と相互作用ともそれぞれの分散を誤差分散で割ってF値を計算するが，変量模型では，相互作用の検定にはその分散を誤差分散で割って得られるF値を使い，主効果の検定にはそれぞれの分散を相互作用分散で割ったF値を用いる．

表8.4 母数模型と変量模型における分散の期待値

要因	自由度	母数模型	変量模型
処理Aの主効果	$n-1$	$\sigma^2 + mr\kappa_A^2$	$\sigma^2 + r\sigma_{AB}^2 + mr\sigma_A^2$
処理Bの主効果	$m-1$	$\sigma^2 + nr\kappa_B^2$	$\sigma^2 + r\sigma_{AB}^2 + nr\sigma_B^2$
A×Bの相互作用	$(n-1)(m-1)$	$\sigma^2 + r\kappa_{AB}^2$	$\sigma^2 + r\sigma_{AB}^2$
誤差	$nm(r-1)$	σ^2	σ^2

例えば,処理Aの主効果の検定には,母数模型では処理Aの主効果分散を誤差分散で割って求められるF値(期待値は,$1 + mr\kappa_A^2/\sigma^2$)を用いるが,変量模型では,主効果分散を相互作用分散で割って計算されるF値{期待値は,$1 + mr\sigma_A^2/(\sigma^2 + r\sigma_{AB}^2)$}を用いる.いずれの場合も,処理Aの主効果の分散成分(κ_A^2あるいは,σ_A^2)が0のとき,分散比(F)が1となり,帰無仮説が棄却できないことになる.逆に,処理Aの分散成分が有意に0より大きく(κ_A^2, $\sigma_A^2 > 0$),$F > 1$のとき,帰無仮説($F = 0$)を棄却する.

7. 分析と検定の例

表8.5に示したのは,3段階の施肥水準で5種類のイネ品種を3株づつ栽培したときの全株収量(穂重)を測定した繰返しのある二元配置実験を想定したデータである.

このデータをエクセル統計「二元配置分散分析」プログラムにより解析し,表8.6の通りの分散分析結果を得た.

この分析結果から,品種の主効果も施肥の主効果も共に1%水準で有意であり,品種間にも施肥水準間にも有意な差異があることがわかる.また,品種×

表8.5 異なる施肥水準で栽培した水稲の株収量

	品種A	品種B	品種C	品種D	品種E
無肥	51.5	50.0	53.5	48.5	51.5
	48.0	46.0	50.5	43.0	52.0
	52.0	50.5	54.5	48.5	53.0
標肥	57.5	54.0	59.0	52.5	58.0
	56.0	54.0	58.5	50.0	57.5
	55.5	51.5	56.5	62.0	56.0
多肥	39.5	49.5	99.9	60.5	60.0
	41.5	45.5	60.5	66.5	65.5
	45.0	49.0	62.0	64.5	69.5

施肥の相互作用分散も有意となっている．このことから，品種によって施肥反応が異なることがわかる．

品種および施肥のいずれの水準間に有意差があるのかを明らかにするために，Duncanの多重比較検定により，品種ならびに施肥水準間の平均値の

表8.6　異なる施肥条件での水稲株収量の分散分析結果

要因	偏差平方和	自由度	分散	F値
品種（V）	971.78	4	242.95	5.93**
施肥（F）	550.96	2	275.48	6.72**
相互作用（V × F）	1241.04	8	155.13	3.78**
誤差	1230.01	30	41.00	
全体	3993.79	44		

注）**：1％水準で有意

差の有意性を検定する．まず，品種平均値の大きさの順序に並べ換えると，次の通りとなる．

品種C		品種E		品種D		品種B		品種A
61.7	>	58.1	>	55.1	>	50.0	>	49.6

次に，分散分析表の誤差分散41.0から品種平均の標準誤差を求めると，$s_{Xm} = \sqrt{41.0/9}$ = 2.13となる．そこで，DuncanのSSR係数表（付表5）から自由度30に相当するSSRを求め標準誤差を乗じてLSR（最小有意範囲）を計算すると，次のようになる．

検定範囲の係数	LSR2	LSR3	LSR4	LSR5
自由度30,1％水準のSSR	3.89	4.06	4.17	4.25
LSR値（SSR × s_{Xm}）	8.29	8.65	8.88	9.05

これらの計算されたLSR値を品種平均値の差と比較する．二つ離れた平均値の比較には，LSR2 = 8.29を用い，三つ離れた平均値の比較には，LSR3 = 8.65を用いる．以下同様にして，五つ離れた平均値の比較には，LSR5 = 9.05を用いて全てのペアーについて有意性を検定する．

まず，品種Cと品種Eの平均値の差は，61.7 − 58.1 = 3.6 < LSR2 = 8.29であるので，両品種の平均値の間には1％水準で有意差がない．次に，品種Cと品種Dの平均値の差を求めると，61.7 − 55.1 = 6.6となり，表から計算したLSR3 = 8.65よりも小さいので，これらの平均値の間にも1％水準では有意差はないことがわかる．品種Cと品種Bの平均値間では，61.7 − 50.0 =

表 8.7 Duncan の多重比較による
品種平均値の有意差検定の結果

品種	C	E	D	B	A
平均値	61.7	58.1	55.1	50.0	49.6
検定	a	a	a		
結果		b	b	b	b

注）1％有意水準で検定

11.7 > LSR4 = 8.88 となり，これは有意となる．最後に，品種 C と品種 A の平均値を比較すると，61.7 − 49.6 = 12.1 > LSR5 = 9.05 で，当然これも 1％水準で有意差のあることがわかる．

全てのペアーの差を検定して，有意差のない平均値には同じ英文字を，有意差のある平均値には異なる英文字をつけて検定の結果を表示すると，表 8.7 の通りになる．

この Duncan の多重比較検定の結果の解釈は，次の通りになる．1％有意水準で，同じ英文字（a または b）のついた品種 C，E，D の平均値と品種 E，D，B，A の平均値の間には差異がないが，異なる英文字のついた品種，すなわち，品種 C と品種 A あるいは品種 B の平均値の間に 1％水準で有意差があることになる．

次に，施肥水準の標準誤差を求めると，$s_{\bar{X}m} = \sqrt{41.0/15} = 1.65$ となる．そこで，Duncan の表から 1％水準の SSR を求め，標準誤差を乗じて LSR を計算すると，下記の通りとなる．

検定範囲の係数	LSR2	LSR3
自由度30.1％水準の SSR	3.89	4.06
LSR 値（SSR × $s_{\bar{X}m}$）	6.42	6.70

表 8.8 Duncan の多重比較による
施肥水準平均値の有意差検定の結果

施肥	多肥区	標肥区	無肥区
平均値	58.6	55.9	50.2
検定	a	a	
結果		b	b

異なる施肥水準区の平均値を大きさの順に並べると 58.6（多肥区）> 55.9（標肥区）> 50.2（無肥区）となり，上の表の LSR 値を使って，有意差検定を行うと，表 8.8 の通りとなる．

以上の結果から，1％水準で多肥区と標肥区の間には有意な差異はないが，多肥区と無肥区の間には，有意差があることがわかる．

ところで，表 8.6 の分散分析により，品種×施肥の相互作用が 1％水準

で有意であることがわかる．相互作用の現れ方を詳しくみるためには，図 8.1 に示すように，品種を横軸にとり，品種ごとの収量を施肥区別にとり，線で結んでみるとよい．この図から，品種による施肥に対する反応の違いがよくわかる．無肥区と標肥区の線は，おおむね平行しており品種の反応にあまり違いがない．しかし，多肥区の線は他の施肥区の線と交差して，品種により多肥区の収量が大きく変動していることがわかる．品種と施肥の効果の間に相互作用があるということは，品種により肥料の効果が異なることを示している．

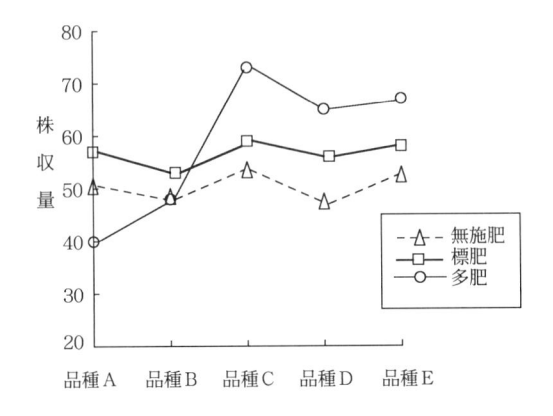

図 8.1　異なる施肥水準における水稲品種の株収量の変化

8. 演習問題

植物ホルモンの1種であるアブシジン酸の葉面散布を行って，ヤムイモの塊茎肥大を調べた．この欠測値のあるデータを分散分析し，その結果を考察せよ．

表8.9 ヤムイモの塊茎肥大に及ぼす
アブシジン酸の効果（高井ら，未発表）

処理時期＼濃度	無処理	0.1ppm	1ppm	10ppm	100ppm
肥大以前	1415	1169	774	882	1366
	1024	1104	1155	1234	1037
	984	639	863	1495	1126
	850	744	ND	1444	ND
肥大初期	1415	1183	1284	984	1826
	1024	1218	944	1450	889
	984	435	1531	1532	1979
	850	ND	ND	1274	1526
肥大中期	1415	1062	1070	860	1807
	1024	854	1149	1070	866
	984	729	1020	980	1297
	850	1540	ND	1279	332

注）ND：欠測

第9章　乱塊法実験

　乱塊法実験は，二元配置実験と構造的には同じ2因子実験の一つである．二つの因子のうち，一方は通常の処理として複数の水準を割り当てる．もう一つの因子はブロックと呼ばれ，その中に全処理セットを組み込んで，実質的に実験の反復が行われる．実験セットは，ブロックとして空間的にも時間的にも反復することができる．空間的ブロックとしては，試験圃場を複数の区画に分け，それらの区画をブロックとして実験を反復する．また，時間的ブロックとしては，全処理セットを期日を変えて行う反復である．

　空間的あるいは時間的ブロックのいずれに関しても，ブロック内の実験条件をできる限り均一にすることが重要である．ブロック間には環境や条件の多少の差異があっても，ブロック間分散として分離できる点が，乱塊法の特色の一つである．

　例1：コムギの10品種の収量と品質を調査するため，20m×50mと細長く長辺方向に地力に傾斜のある水田圃場を長辺方向に3ブロックに分け，3回反復で行う試験．

　例2：イネの葯培養で，3種類の植物ホルモンについて，添加および無添加の2水準の全てを組合せた8処理区を3日間にわたり反復する実験．

1. 試験区の設定

　作物品種の収量や品質を調べる実験では，栽培環境の微妙な違いや試験圃場の地力むらなどを完全になくすことが困難である．そこで，試験圃場を複数のブロックに分け，各ブロックの中に全ての処理水準の組合せセットが入るようにして，実験を反復する乱塊法実験が行われる．各ブロック内では，処理水準の違い以外は条件をできる限り均一にすることが前提となる．そして，ブロック内には，処理水準を無作為（ランダム）に割り当てる．

　乱塊法実験では，ブロック間の環境の差異による分散を誤差分散から差し引くことができるので，その分だけ誤差分散が縮小して実験の精度を高める

表9.1 乱塊法実験の試験区の配置

ブロック\処理	R1···	R2···	···	··Rj··	···	··Rr
A1	P11	P12	···	P1j	···	P1r
A2	P21	P22	···	P2j	···	P2r
·	·	·		·		·
·	·	·		·		·
·	·	·		·		·
Ai	Pi1	Pi2	···	Pij	···	Pir
·	·	·		·		·
·	·	·		·		·
·	·	·		·		·
An	Pn1	Pn2	···	Pnj	···	Pnr

ことができる．

　乱塊法実験で設定するブロックは，実質的な反復であり，大きな圃場をいくつかに分けてブロックとし空間的な反復としたり，室内実験を数日にわたって繰り返して時間的な反復としたりすることができる．このように，乱塊法におけるブロックは，時空的な実験の反復と見なすことができる．

　乱塊法実験の試験区は，表9.1のように設定される．なお，i番目の処理水準のj番目とk番目のブロック（反復）の観測値は対応している．各ブロック（反復）内の試験区（P_{ij}）はランダムに配置することが必要である．

2．ブロック（反復）のとり方

　一元配置実験や二元配置実験におけるいわゆる繰返しは，処理水準ごとに試験や観察を繰り返して，同じ処理水準内の観測値の分散を誤差分散とした．これとは異なり，乱塊法におけるブロック（反復）には，実験の全処理水準セットを組み込み，実質的にブロック数だけ実験が反復される．乱塊法で設けるブロック（反復）には，全ての処理水準が含まれ，ブロックと処理水準が互いに独立な関係にあるため，ブロック間の差異による分散が処理分散や誤差分散から完全に分離できる．しかし，ブロック間の分散は，ブロック間の環

境条件の違いに基づくもので実質的意味は少ない．ブロックと処理の相互作用による分散を誤差分散として利用する．

　乱塊法では，実験の行われる空間や時間をいくつかのブロックに分け，それぞれのブロックに全処理水準セットを組込んで，実質的に実験を反復して行う．ブロック間の差異は，ブロック分散として分離できるが，ブロック内の不均一性による差異は，処理水準の効果と重なったり，誤差分散を拡大したりする．したがって，ブロック内はできる限り均一になるようにした上で，ブロック内の試験区には，処理水準をランダムに割り付けることがとくに重要である．

　例えば，10m（南北）×50m（東西）の5aの水田圃場に，イネ10品種を5回反復で栽培して，収量や品質を調べる生産力検定試験を行うとしよう．この水田は，東西に細長く取水口は東側，排水口が西側にあり，西高東低の地力の傾斜があるとする場合，東西50mの長辺方向に沿って10m×10mのブロック（反復）を五つ作る．各ブロック内に2m×5mの$10m^2$の10試験区（プロット）を設ける．それぞれのブロック内の10プロットに10品種を全くランダムに割り当てる．

3．データの形式

　乱塊法実験で得られるデータは，繰り返しのない二元配置実験と同様に処理水準数n×ブロック（反復）数rの二重分類データとなる．i番目の処理水準，j番目のブロック（反復）の観測値をX_{ij}であらわし，i番目の処理水準の合計と平均をそれぞれ$\Sigma_j X_{ij} = X_{i.}$と$X_{i.}/r = Xm_i$，j番目のブロックの合計と平均をそれぞれ$\Sigma_i X_{ij} = X_{.j}$および$X_{.j}/n = Xm_j$で表示する．総合計と総平均は，それぞれ$\Sigma_{ij} X_{ij} = \Sigma_i X_{i.} = \Sigma_j X_{.j} = X..$ならびに$X../nr = Xm$となる．

　乱塊法実験では，処理とブロックの効果は相互に独立である（直交している）ため，観測値と総平均との偏差は，処理平均と総平均との偏差，ブロック平均と総平均との偏差ならびに両者の働き合い（相互作用）による偏差とに分割できる．そして，最後の相互作用による偏差を誤差効果と見なして，分散分析が行われる．

表9.2 乱塊法実験で得られる二重分類データ

ブロック＼処理水準	R1	R2	………	Rj	………	Rr	処理計 $\Sigma_j X_{ij}$
A1	X11	X12	………	X1j	………	X1r	X1.
A2	X21	X22	………	X2j	………	X2r	X2.
.	.	.		.		.	.
.	.	.		.		.	.
.	.	.		.		.	.
Ai	Xi1	Xi2	………	Xij	………	Xir	Xi.
.	.	.		.		.	.
.	.	.		.		.	.
.	.	.		.		.	.
An	Xn1	Xn2	………	Xnj	………	Xnr	Xn.
ブロック ($\Sigma_i X_{ij}$)	X.1	X.2	………	X.j	………	X.r	X..

4．モデルと自由度の分割

乱塊法実験のモデルは，繰り返しのない二元配置実験と同じである．

$$X_{ij} = \mu + a_i + r_j + e_{ij} \tag{9-1}$$

ただし，a_iは処理の効果，r_jはブロック（反復）の効果，e_{ij}は誤差（相互作用）の効果をあらわし，$\Sigma_i a_i = 0$，$\Sigma_j r_j = 0$ で，e_{ij}は正規分布：$N(0, \sigma^2)$に従うと仮定する．

全自由度$nr-1$は，処理の自由度$n-1$，ブロック（反復）の自由度$r-1$，および誤差（両者の相互作用）の自由度$(n-1)(r-1)$に分割できる．

5．分散分析とF検定

(9-1)式のモデルにしたがって全体の偏差を分割すると，次の通りになる．

$$(X_{ij} - Xm) = (Xm_i - Xm) + (Xm_j - Xm) + (X_{ij} - Xm_i - Xm_j + Xm) \tag{9-2}$$

この式右辺の第1項 $(Xm_i - Xm)$ は，モデル式の a_i に相当し第2，3項，$(Xm_j - Xm)$ と $(X_{ij} - Xm_i - Xm_j + Xm)$ は，それぞれモデル式の r_j と e_{ij} に対応する．

これらの偏差は互いに独立で直交しているので，いずれの偏差積和も0となり，全偏差平方和は，それぞれの効果に対応する偏差平方和に分割できる．

$$\Sigma_{ij}(X_{ij} - Xm)^2 = \Sigma_i (Xm_i - Xm)^2 + \Sigma_j (Xm_j - Xm)^2 + \Sigma_{ij}(X_{ij} - Xm_i - Xm_j + Xm)^2 \quad (9-3)$$

このような偏差平方和の分割に基づく分散分析の結果は，表9.3 の通りになる．

乱塊法実験においては，反復の分散は実験の全処理を組み込んだブロック間の差異に基づくものであり，実際の圃場実験ではブロック間の土地の肥沃度や水分条件などの差異などによるばらつきであり，実質的意味は少ない．しかし，ブロック（反復）間の分散を分離することにより，誤差分散（乱塊法では，処理×ブロックの相互作用分散）を縮小することができ，それだけ実験の精度を高めることができる．

乱塊法ではなく，完全任意配列法で r 回の繰返しを行う実験では，ブロック分散と処理×ブロックの相互作用（乱塊法の誤差）分散とが分離できず，それだけ誤差分散が大きくなってしまう．

処理の分散は，処理の効果による系統的差異に基づくもので，分散比の F 検

表9.3 乱塊法実験の分散分析

要因	自由度	偏差平方和	分散	分散期待値
処理 A	$n-1$	$SSA = \Sigma_i X_{i.}^2 / r - X_{..}^2 / nr$	$VA = SSA/(n-1)$	$\sigma^2 + r\kappa_A^2$
反復 R	$r-1$	$SSR = \Sigma_j X_{.j}^2 / n - X_{..}^2 / nr$	$VR = SSR/(r-1)$	—
誤差	$(n-1)(r-1)$	$SSE = SST - SSA - SSR$	$VE = SSE/(n-1)(r-1)$	σ^2
全体	$nr-1$	$SST = \Sigma_{ij} X_{ij}^2 - X_{..}^2 / nr$		

注）n：処理水準数，r：反復（ブロック）数

定は，$F = VA/VE$ を用いて行う．この分散比の期待値は，$1 + r\kappa_A^2/\sigma^2$ となり，計算で求めた F の値が分子の自由度 $(n-1)$ と分母の自由度 $(n-1)(r-1)$ に相当する５％水準の F 表の値より大きければ，処理の分散成分 κ_A^2 が有意に大きく，有意な差異が処理により生じていることを示す．

6．分析と検定の例

表9.4には，水稲５品種を３回反復の乱塊法で栽培して，収量（kg/10a）を比較した実験のデータを示した．このような乱塊法実験で得られる二重分類（品種×反復）データは，繰り返しのない二元配置実験で得られる二重分類データと全く同様な方法で分散分析を行うことができる．

そこで，エクセル統計の「繰り返しのない二元配置分散分析」プログラムにより解析した結果，表9.5の通りとなった．これらの計算結果を電卓を用いた手計算で確認してみよう．

表9.4 3回反復で栽培した水稲5品種の10a当収量（kg）（北陸農試，未発表）

要因（品種）	反復1	反復2	反復3	品種平均
北陸179号	63.4	57.6	64.5	61.83
日本晴	47.4	52.4	61.4	53.73
アキニシキ	62.5	60.7	66.2	63.13
コシヒカリ	52.2	53.3	56.4	53.97
どんとこい	54.4	55.6	60.0	56.67
反復平均	55.98	55.92	61.70	57.87

表9.5 乱塊法による水稲収量データの分散分析

要因	偏差平方和	自由度	分散	F値
反復	110.22	2	55.11	7.28*
品種	231.62	4	57.90	7.65**
誤差	60.54	8	7.57	
全体	402.37	14		

注）*，**：5％，1％水準で有意

まず，全体の偏差平方和を計算する．
$$\text{SST} = \Sigma_{ij}X_{ij}^2 - X_{..}^2/nr = (63.4^2 + 47.4^2 + 62.5^2 + \cdots + 66.2^2 + 56.4^2 + 60.0^2)$$
$$- (63.4 + 47.4 + 62.5 + \cdots + 66.2 + 56.4 + 60.0)$$
$$/3 \times 5$$
$$= 50630.64 - 868.0^2/15 = 50630.64 - 50228.27$$
$$= 402.37$$

次に，反復（ブロック）と品種（処理）の偏差平方和を計算する（次頁）．

$$\text{SSR} = \Sigma_j X_{\cdot j}^2 / n - X_{\cdot\cdot}^2 / nr = (279.9^2 + 279.6^2 + 308.5^2) / 5 - 868.0^2 / 15$$
$$= 50338.48 - 50228.27 = 110.21$$
$$\text{SSA} = \Sigma_i X_{i\cdot}^2 / r - X_{\cdot\cdot}^2 / nr = (185.5^2 + 161.2^2 + 189.4^2 + 161.9^2 + 170.0^2) / 3$$
$$- 868.0^2 / 15 = 50459.89 - 50228.27 = 231.62$$

最後に，誤差分散を求める．

$$\text{SSE} = \text{SST} - \text{SSA} - \text{SSR} = 402.37 - 110.21 - 231.62 = 60.54$$

このようにして計算された偏差平方和を対応する自由度で割って分散を求めることができる．そこで，反復や品種の分散が誤差分散より有意に大きいか否かを検定する．そのため，反復あるいは品種の分散を誤差分散で割って F 値を計算すると，反復と誤差の分散比は 7.28 となり，品種と誤差の分散比は 7.65 となる．反復分散の F 値 7.28 を 5％ならびに 1％有意水準における分子の自由度 2，分母の自由度 8 に相当する F 表の値 8.65 ならびに 4.46 と比較すると，反復分散の F 値は両者の間にあるので，5％水準で有意であり，反復平均値の間に有意な差異があることが分かる．しかし，反復間の差異は圃場の肥沃度の差異などによるもので，生物学的あるいは農業的な意味はもたない．

一方，品種分散の F 値 7.65 を，1％有意水準における分子の自由度 4，分母の自由度 8 の F 表の値 7.01 と比較すると，前者が後者より大きいので，品種分散は，1％水準で誤差分散より有意に大きいと判定できる．このことは，五ついずれかの品種平均値の間に 1％水準で有意な差異が存在することを示している．

この乱塊法実験の目的は，品種間の収量差の検出とともに，いずれの品種の間に有意な差異があるのかを明らかにすることである．そこで，Duncan の

表 9.6　水稲品種収量平均値の有意性の検定結果（1％水準）

品種名	アキニシキ	北陸179号	どんとこい	コシヒカリ	日本晴
平均値	63.13	61.83	56.67	53.97	53.73
有意性	a	a b	a b	b	b

多重比較検定により，いずれの品種の間に有意な差異があるのかを調べてみよう．

まず，平均収量の多い順に品種を並べ換えると，表9.6の通りになる．

そこで，誤差の自由度8に対応する値をDuncanのSSR係数表（付表5）から引き，それぞれに標準誤差$s_{Xm}{}^2 = \sqrt{7.57/3} = 1.59$を乗じてLSR値（最小有意範囲）を求めると，次のようになる．

検定範囲の係数値	LSR2	LSR3	LSR4	LSR5
自由度8, 有意水準1％のSSR	4.75	4.94	5.06	5.14
LSR (SSR × 1.59)	7.55	7.85	8.04	8.17

これらのLSR値と平均値の差を比較して，品種平均値間の有意性の判定を行う．まず，アキニシキと北陸179号の平均値の差と検定範囲の平均値数2のLSR値（LSR2 = 7.55）とを比較すると，63.13 − 61.83 = 1.30 < 7.55であるので，アキニシキと北陸179号との間には有意差がないと判断する．次に，アキニシキとどんとこいとの平均値の差をLSR3 = 7.85と比較して，63.13 − 56.67 = 6.46 < 7.85であるので，両品種間にも有意差がないとみる．さらに，アキニシキとコシヒカリの平均値の差をLSR = 8.04と比較すると，63.13 − 53.97 = 9.16 > 8.04であるので，アキニシキとコシヒカリの間には有意差がある．同様な方法で全対を比較して，有意差のない平均値には同じ英文字（例えば，a）を付け，有意差のある平均には異なる英文字（例えば，b）をつけ，検定結果を表9.6のようにあらわす．

この検定結果は，同じ英文字の付いたアキニシキ，北陸179号，どんとこいの間，また，北陸179号，どんとこい，コシヒカリ，日本晴の間には有意差はないが，アキニシキとコシヒカリあるいは日本晴の間には有意な収量差が存在すると解釈できる．

ところで乱塊法実験では，全処理水準セットを一つのブロックに組み込んで，複数のブロックで実験を反復する方法がとられる．ブロックは，圃場の区画を変えた反復であったり，日時を変えた実験の反復であったりする．いずれの場合でも，反復間の差異を分散として分離できる．

一元配置実験などで設けられた処理区内のいわゆる繰返しと，乱塊法実験で設けられる反復（ブロック）との間には，本質的な違いがある．処理区内に設ける繰返しは，異なる処理区間の繰返し

表9.7 乱塊法による水稲品種収量データを一重分類データとした分散分析結果

要因	偏差平方和	自由度	分散	F値
品種	231.62	4	57.9	3.39NS
誤差	170.75	10	17.08	
全体	402.37	14		

には対応関係が存在しない．つまり，ある処理区内の1番目の繰返しのデータと他の処理区の1番目の繰返しのデータとは，全く無関係で対応していない．他方，乱塊法では，ある処理区の1番目の反復データと他の処理区の1番目の反復のデータとは対応している．

一元配置や二元配置の実験における処理区内の繰返しの間の分散は，そのまま誤差分散となる．これに対して，乱塊法実験においては，反復間の差異に基づく分散は，誤差分散から分離され，処理と反復の相互作用効果の分散が誤差分散とされる．

ちなみに，表9.4の乱塊法実験のデータについて，反復の対応関係を無視して単なる繰返しとみなして，いわゆる一重分類データとして分散分析を行ってみると，表9.7ようになる．

この表9.7の分散分析結果を表9.5に示した二重分類データの分析結果と比較すると，後者の反復と誤差（反復×品種の相互作用）の偏差平方和（110.22と60.54）を加えた値が前者の表の誤差の偏差平方和（170.75）に等しくなる．このように，反復の対応関係を無視して，単に処理水準内の繰返しとみなして一重分類データとして分散分析を行うことにより，誤差分散が増大することがわかる．

同じ乱塊法実験のデータでも，二重分類と一重分類で分析した場合，結論が異なることに注目する必要がある．二重分類による分析では，反復の分散と相互作用の分散が分離されており，品種の分散を誤差の分散で割った F 値が7.65となり，それぞれの分散に関する自由度，4と8に対応する1％有意水準の F 表の値5.14より大きく，品種の分散は1％水準で有意となった．しかし，一重分類による分析では，反復の分散と反復×品種の相互作用分散を

プールしたものが誤差分散となっており，品種の分散を誤差の分散で割ったF値は，3.39となり品種と誤差の自由度に対応するF表の値3.84より小さく，5％水準でも有意とならない．一重分類では，誤差分散が膨張した結果，品種間差異を検出しにくくなってしまったとみることができる．このように，乱塊法では反復間の差異による分散を分離することにより，誤差分散が縮小し，品種間差異を検出する精度が高まっている．

　乱塊法実験は，イネやコムギなどの純系，トウモロコシなどの一代雑種，あるいは，バレイショやヤムイモなどの栄養繁殖性作物のクローンなどの品種や系統の生産力（収量）や地域適応性などを検定するのによく用いられる．

　これらの作物の育種では，その最終段階において場所や年度を変えて，新たに育成された系統の生産力や地域適応性を既存の奨励品種や標準品種などと比較し調査する（生産力検定試験や系統適応性検定試験）．さらに，新品種の普及・奨励にあたり，地域ごとに場所や年度を変えて新品種の生産力や環境適応性を詳しく調べる必要がある（奨励品種決定試験）．

　このように，育種の最終段階で新系統の能力を詳しく調べるために実施される生産力検定試験や系統適応性検定試験，また，新品種の奨励に必要な情報を得るために行われる奨励品種決定試験などでは，広い圃場を使って数多くの品種・系統を栽培して，収量や各種の生産特性を詳しく調査する．このような目的で，乱塊法実験が行われることが多い．

7．付随観測データを用いた共分散分析

　乱塊法による圃場実験などにおいて，気象災害や病害虫などの予期しない被害を受けることはよくある．このような場合，被害の程度を測定しておけば，この付随データを使って共分散分析を行い，観測値を補正して不測の被害の影響を軽減して分散分析を行うことができる．

　観測データ変数をX，被害程度などをあらわす付随データ変数をZとすると，乱塊法における共分散分析のモデルは，次のようになる．

$$X_{ij} - b(Z_{ij} - Zm) = \mu + a_i + r_j + e_{ij} \tag{9-4}$$

そこで，偏差を分割すると次のようになる．

$(X_{ij} - Xm) - b(Z_{ij} - Zm) = \{(Xm_i - Xm) - b(Zm_i - Zm)\} + \{(Xm_j - Xm) - b(Zm_j - Zm)\}$
$+ \{(X_{ij} - Xm_i - Xm_j + Xm) - b(Z_{ij} - Zm_i - Zm_j + Zm)\}$

この偏差の分割式から分かる通り，要因ごとの偏差から付随データに対する回帰による偏差を差し引く必要がある．したがって，偏差平方和は，回帰に伴う偏差平方和だけ増大することになる．

Xの偏差平方和を$\Sigma_i (X_i - Xm)^2 = SSxx$，$Z$の偏差平方和を$\Sigma_i (Z_i - Zm)^2 = SSzz$，両者の偏差積和を$\Sigma_i (X_i - Xm)(Z_i - Zm) = SPxz$で表記すると，次のようになる．

$\Sigma_i \{(X_{ij} - Xm) - b(Z_{ij} - Zm)\}^2 = \Sigma_i (X_{ij} - Xm)^2 + b^2 \Sigma_i (Z_{ij} - Zm)^2$
$= SSxx + SPxz^2 / SSzz$

すなわち，観測データXの偏差平方和は，付随データZに対する回帰との共分散$b^2 \Sigma_i (Z_{ij} - Zm)^2 = SPxz^2/SSzz$分だけ増大している．したがって，この回帰による偏差平方和の分だけ，Xの偏差平方和から差し引いて分散分析を行う必要がある．それが共分散分析である．

このモデルに基づく共分散分析は，次の手順で行うことができる．まず，共分散分析に必要な偏差平方和と偏差積和は，相関係数や回帰係数を求めるときと同様にして，表9.8の式を用いて計算することができる．

このようにして計算した観測データ（X）と付随データ（Z）との偏差平方和と偏差積和を使って，処理＋誤差の偏差平方和をそれぞれ付随データに対する観測データの回帰による共分散，Sxz^2/SzzとExz^2/Ezzとで補正する．その後で，前者から後者を差し引いて，処理の偏差平方和の補正値を求める．

補正に伴って誤差の自由度が1減少するので，補正後の誤差分散の自由度は，$(r-1)(n-1)-1$となる．このようにして，補正された処理の偏差平方和（$ACxx$）と補正された誤差の偏差平方和（$ECxx$）をそれぞれの自由度（$n-1$）と$(r-1)(n-1)-1$で割って，補正された処理分散（$VACxx$）と誤差分散（$VECxx$）を求める．さらに，前者を後者で割って，分散比$Fc = VACxx/VECxx$を計算する．F分布表の有意水準αにおける分子の自由度$n-1$，分

母の自由度 $(r-1)(n-1)-1$ の値 $F\alpha\{(n-1), (nr-n-r)\}$ と対比して，$Fc > F\alpha$ ならば，補正処理分散が補正誤差分散よりも，α 水準で有意に大きいと判断できる．

ところで，ライマービーンのアスコルビン酸含有量は，乾物率の影響を受けて変化することが知られている．そこで，Steel & Torrie (1960) は，アスコルビン酸含有量 (X) を乾物率 (Z) で補正して，共分散分析を試みた．そのデータの一部を使って，共分散分析を行ってみよう．

この表9.10のデータから，まず，ライマービーンのアスコルビン酸含量に関する観測（未補正）データの分散分析を表9.3のモデルに基づいて行ってみよう．アスコルビン酸含有量の未補正値の分散分析結果は，表9.11の通りとなる．

表9.8 乱塊法実験の共分散分析に必要な平方和・積和の計算

要因 {自由度}	偏差平方和 (xx)	偏差積和 (xz)	偏差平方和 (zz)
全体 {$nr-1$}	$Txx = \sum X_{ij}^2 - CFxx$	$Txz = \sum X_{ij}Z_{ij} - CFxz$	$Tzz = \sum Z_{ij}^2 - CFzz$
反復 (R) {$r-1$}	$Rxx = \sum X_{.j}^2/n - CFxx$	$Rxz = \sum X_{.j}Z_{.j}/n - CFxz$	$Rzz = \sum Z_{.j}^2/n - CFzz$
処理 (A) {$n-1$}	$Axx = \sum X_{i.}^2/r - CFxx$	$Axz = \sum X_{i.}Z_{i.}/r - CFxz$	$Azz = \sum Z_{i.}^2/r - CFzz$
誤差 {$(r-1)(n-1)$}	$Exx = Txx - Rxx - Axx$	$Exz = Txz - Rxz - Axz$	$Ezz = Tzz - Rzz - Azz$
処理+誤差 {$r(n-1)$}	$Sxx = Axx + Exx$	$Sxz = Axz + Exz$	$Szz = Azz + Ezz$

注) $CFxx = X_{..}^2/nr$, $CFxz = X_{..}Z_{..}/nr$, $CFzz = Z_{..}^2/nr$

表9.9 付随観測データを用いた共分散分析

要因	自由度	補正偏差平方和	補正分散	F 値
反復	$r-1$	Rxx （未補正値）	---	
処理	$n-1$	$ACxx = \{Sxx - Sxz^2/Szz\} - \{Exx - Exz^2/Ezz\}$	$VACxx = ACxx/(n-1)$	$VACxx/VECxx$
誤差	$(r-1)(n-1)-1$	$ECxx = Exx - Exz^2/Ezz$	$VECxx = ECxx/\{(r-1)(n-1)-1\}$	

7. 付随観測データを用いた共分散分析　（ 111 ）

　アスコルビン酸の含有量（X）は，乾物率（Z）に影響されるとみらるので，付随的計測した乾物率に対する回帰による補正を行うために，共分散分析をしてみよう．

　まず，共分散分析に必要な偏差平方和と偏差積和を求めると，表9.12の通りになる．このようにして計算した偏差平方和と偏差積和を使って，共分散分析を行うと，次の表9.13のようになる．

　ライマービーンのアスコルビン酸含有量の測定値をそのまま分散分析した結果（表9.11）と，乾物率の付随観測値で補正して共分散分析を行った結果（表9.13）とを比較してみよう．未補正データの分散分析では，アスコルビン酸含有量に関して品種間に大きな有意差が認められた．一方，乾物率の観測

表9.10　ライマービーンアスコルビン酸含有量（X）と乾物率（Z）との関係（Steel & Torrie, 1960 一部抜粋修正利用）

反復 品種	1		2		3		品種計	
	Z	X	Z	X	Z	X	$Z_{i\cdot}$	$X_{i\cdot}$
1	34	93	33	95	35	92	102	280
2	40	47	40	52	51	33	131	132
3	32	81	30	109	34	72	96	262
4	38	67	38	74	40	65	116	206
5	25	120	24	129	25	126	74	375
6	30	107	29	111	32	99	91	317
7	33	106	34	107	35	98	102	311
8	35	62	32	83	31	94	98	239
9	32	81	31	107	35	77	98	265
10	21	149	25	152	24	170	70	471
反復計	320	913	316	1019	342	926	978	2858

表9.11　ライマービーンのアスコルビン酸（ASA）含有量の分散分析結果

要因	自由度	偏差平方和	分散	F値
品種（C）	9	$SSC = 297975 - 272272 = 25703$	$VC = 25703/9 = 2856$	28.56**
反復（R）	2	$SSR = 272941 - 272272 = 669$	$VR = 669/2 = 335$	
誤差	18	$SSE = 28174 - 25703 - 669 = 1802$	$VE = 1802/18 = 100$	
合計	29	$SST = 300446 - 272272 = 28174$		

表9.12 ライマービーンのアスコルビン酸含有量 (X) を乾物率 (Z) による補正のための共分散分析に必要な統計量

要因	自由度	偏差平方和 (xx)	偏差積和 (xz)	偏差平方和 (zz)
全体	29	Txx = 300446 − 272272 = 28174	Txz = 88190 − 93171 = −4981	Tzz = 32962 − 31883 = 1079
反復 (R)	2	Rxx = 272941 − 272272 = 669	Rxz = 93086 − 93171 = −85	Rzz = 31922 − 31883 = 39
品種 (A)	9	Axx = 297975 − 272272 = 25703	Axz = 88527 − 93171 = −4644	Azz = 32835 − 31883 = 952
誤差	18	Exx = 28174 − 669 − 25703 = 1802	Exz = −4981 − (−85) − (−4644) = −252	Ezz = 1079 − 39 − 952 = 88
品種＋誤差	27	Sxx = 25703 + 1802 = 27505	Sxz = −4644 + (−252) = −4896	Szz = 952 + 88 = 1040

注）$CFxx$ = 272272, $CFxz$ = 93171, $CFzz$ = 31883

表9.13 ライマービーンのアスコルビン酸含有量 (X) の観測値を乾物率 (Z) の付随データで補正する共分散分析の結果

要因	自由度	補正後の偏差平方和	補正分散	F値
品種	9	$(Sxx − Sxz^2/Szz) − (Exx − Exz^2/Ezz)$ = (27505 − 23049) − (1802 − 723) = 4456 − 1079 = 3377	3377/9 = 375	5.95**
誤差	18 − 1 = 17	$Exx − Exz^2/Ezz$ = 1802 − 723 = 1079	1079/17 = 63	

値で補正したデータによる共分散分析でも，品種間に1％水準で有意差が検出できた．しかし，誤差分散に対する品種分散の比の F 値は，未補正データでは，28.56 ときわだって大きいのに対して，補正データでは，5.95 と 5 分の 1 弱に縮小している．

この原因としては，アスコルビン酸含有量の品種間差異が乾物率の影響で拡大されていたとみることができる．事実，両形質の間には，図9.1 に示す通りの強い負の相関関係が存在していることがわかる．

この強い負の相関関係がアスコルビン酸含有量の品種間差異を拡大して，品種間分散を大きくしていたものと推察される．このデータに関する限り，乾物率による補正により，品種間分散が 7 分の 1 以上も減少したが，それでも品種間分散は1％水準で有意であった．

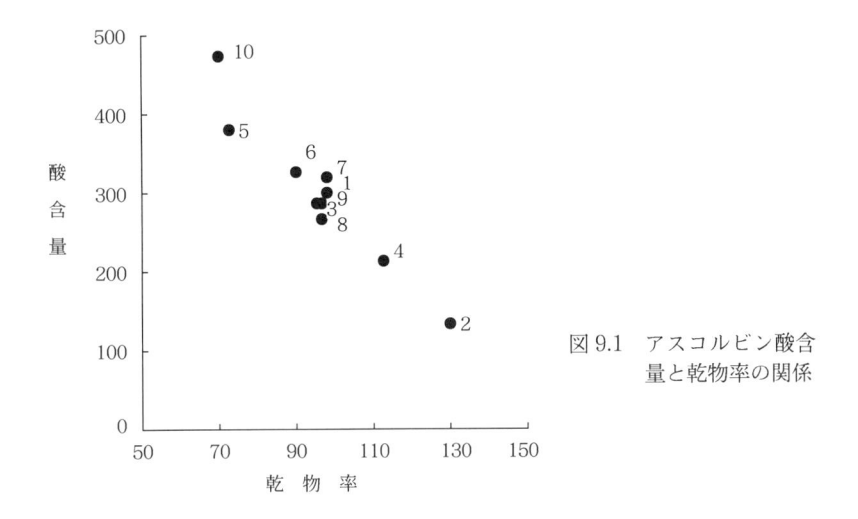

図 9.1 アスコルビン酸含量と乾物率の関係

　生物実験には，いろいろな災害が伴いがちであり，被害の程度を定量的に観察して付随観測データをとっておけば，共分散分析の手法を使って災害に伴う被害によるデータの乱れを補正して，分散分析の精度を高めより正確な結論に近づくことができる．

8．演習問題

　次の表は，水稲の新系統「北陸179号」の生産力検定試験のデータの一部である．このデータの年度をブロックと見なし，三重分類データとして分散分析を行い，品種・系統間並びに施肥区間の差異の有意性を検定せよ

表 9.14　水稲の新品種候補系統と標準・比較品種の精玄米重
　　　　（kg/10a換算）（北陸農試，2000）

処理 年度	北陸179号		日本晴		アキニシキ	
	標肥区	多肥区	標肥区	多肥区	標肥区	多肥区
1996年	71.9	74.6	61.9	64.6	60.0	64.5
1997年	58.7	63.7	54.5	55.9	57.6	56.5
1998年	53.7	62.3	53.2	64.5	52.0	60.8
1999年	55.1	64.9	51.1	55.8	52.0	58.2

第10章　反復のある三元配置実験

　三元配置実験では，三つの異なる種類の処理（または因子）を取りあげて，処理ごとにいくつかの水準を設定して，全ての処理水準組合せのセットを反復する．三元配置実験は，二元配置実験の延長と考えて自由度や偏差平方和の分割も同様に行うことができる．しかし，2次以上の相互作用の取り扱いなど，新しい面もある．

　例1：3年間にわたり五つの試験地において，イネの5品種のセットを3回反復の乱塊法で栽培して，品種の適応性を調べる実験．

　例2：ヤムイモの組織培養において，2種類の品種を供試して，植物ホルモン（NAA）の濃度を3水準，培地に添加する糖をブドウ糖とショ糖の2種類として，全処理・水準（$2 \times 3 \times 2 = 12$）区をセットとして，期日または実験者を変えて反復する実験．

1．試験区と反復の設定

　3種類の処理に，それぞれm，n，p種類の水準を設定して，r回の反復を設けると，$m \times n \times p \times r$の試験区が必要になる．三元以上の多元配置実験では，処理と水準を組み合わせた試験区（処理×水準数）が多くなり，同一年次や同一場所で，全試験区のセットを一括して反復することが困難になる．その場合，年次や場所を変えて実験を反復することも考えられる．しかし，上記例1のように，作物の品種や系統の特性の変化を年次や場所を変えて調べることにより，年次や場所の違いによる環境の影響を調べる系統適応性検定試験などでは，反復は年次や場所ごとに設定される．

　三元（あるいは多元）配置実験では，処理と水準の全ての組合せを作ることが必要であるとともに，処理ごとに水準を無作為に割り付けることが重要である．とくに，圃場試験などでは，処理水準を無作為に割り付けないと，試験区間の環境の違いが系統誤差の原因となり，処理の効果と重なったり，誤差分散を膨らませて，実験精度を下げることになりかねない．

1. 試験区と反復の設定

　試験区の設定の仕方には，実験の種類や規模に応じて，さまざまな工夫が必要である．例えば，作物品種・系統の地域適応性を調べる実験などでは，次のような試験区の設定が一般的である．この場合，実験規模（全試験区数）は，年次数×場所数×反復数×品種数となる．水稲などの育種の現場では，毎年，数〜十数の有望な新系統に地方系統番号を付け，2〜3年にわたり，数カ所の試験地で栽培して，収量や品質などを詳しく調べる．その場合，例えば表10.1のような試験区の設定が考えられる．

　次に，多くの労力と時間を必要とし，実験室内で行われる組織培養実験などでは，全処理・水準のセットを実験者を変えたり，あるいは，同じ実験者が期日を変えるなどして，時間的または空間的に実験を反復する方法がとられる．この場合の試験区の設定は，表10.2のようになり，反復内での処理数×水準数の全試験区セットは，完全に無作為に配列するか，あるいは分割区法により配列できる

表10.1　新品種・系統の地域適応性検定試験における試験区の設定例

処理1	処理2	反復	処理3
年次1 ‥	場所1 ‥	反復1	（品種・系統の種類）
		反復2	（品種・系統の種類）
		反復3	（品種・系統の種類）
	場所2 ‥	反復1	（品種・系統の種類）
		反復2	（品種・系統の種類）
		反復3	（品種・系統の種類）
	場所3 ‥	反復1	（品種・系統の種類）
		反復2	（品種・系統の種類）
		反復3	（品種・系統の種類）
	‥		
年次2 ‥	場所1		
	場所2		
	場所3		
	‥		
年次3			
‥			

表10.2　時空的反復を伴う三元配置実験

時空的反復	処理×水準	処理・水準の配置
反復1 ‥	処理A（水準1，2，‥）	完全無作為配列法や
	処理B（水準1，2，‥）	分割区法などによる
	処理C（水準1，2，‥）	試験区の配列
反復2 ‥	処理A	
	処理B	
	処理C	
‥		

2. モデルと自由度の分割

三元配置実験における3種の処理をA，B，C，反復（ブロック）をRとし，それぞれの効果をa，b，cおよびrであらわすと，三元配置実験のモデルは，次のように書き表すことができる．

$$X_{ijk} = \mu + a_i + b_j + c_k + r_l + (ab)_{ij} + (ac)_{ik} + (ar)_{il} + (bc)_{jk} + (br)_{jl} + (cr)_{kl} + (abc)_{ijk} + (acr)_{ikl} + (abr)_{ijl} + (bcr)_{jkl} + (abcr)_{ijkl} \quad (10-1)$$

このモデルは，大変複雑にみえるが構造は単純である．処理の主効果が $_4C_1 = 4!/3!1! = 4$ 種，1次相互作用が $_4C_2 = 4!/2!2! = 6$ 種，2次相互作用が $_4C_3 = 4!/3!1! = 4$ 種，そして3次相互作用が $_4C_4 = 4!/4! = 1$ 種である．

まず，2次以上の高次相互作用並びに反復との相互作用は，生物学的意義が不明確であったり，農業上重要性が少ないことなどの理由で，これらをプールして誤差とすることができる．したがって，(10-1)式は，次のように簡略化することができる．

$$X_{ijk} = \mu + a_i + b_j + c_k + r_l + (ab)_{ij} + (ac)_{ik} + (bc)_{jk} + e_{ijkl} \quad (10-2)$$

このモデルの方が実際的には有用である．反復の主効果は，生物学的にも農業上も重要な意味を持たない．しかし現実には，圃場の位置，年次の気象，実験者の技術などの環境や実験条件が異なり，有意な差異が検出されることが少なくない．そこで，反復の主効果を分離することにより，実験誤差を縮小し，実験の精度を高めることができる．

ところで，処理Aには n 水準，処理Bには m 水準，処理Cには p 水準，そして r 回の反復のある三元配置実験における自由度の分割は，次のようにして行うことができる．主効果としての処理Aには $(n-1)$，処理Bには $(m-$

1),処理Cには $(p-1)$,反復には $(r-1)$,1次相互作用としてのA×Bには $(n-1)(m-1)$,A×Cには $(n-1)(p-1)$,またB×Cには $(m-1)(p-1)$ を割り当て,誤差の自由度は,全自由度 $(nmpr-1)$ から,これらの自由度を差し引いて得られる.

$(nmpr-1) - \{(n-1) + (m-1) + (p-1) + (r-1) + (n-1)(m-1) + (n-1)(p-1) + (m-1)(p-1)\} = (nmp-1)(r-1) + (n-1)(m-1)(p-1)$

3. 分散分析と F 検定

(10-2)式のモデルによる分散分析は,表10.3に示した計算式を用いて行うことができる.この分散分析における要因別分散は,それぞれの偏差平方和を対応する自由度で割って求める.要因別分散の有意性の検定は,それぞれの要因別分散を誤差分散で割って分散比 F_c を求め,分子および分母とした分散の自由度(λ_1, λ_2)に対応する F 分布表の有意水準 α の値 F_α(λ_1, λ_2)と比較する.$F_c > F_\alpha$ となれば,その分散は,$1-\alpha$ の確率(信頼度)で有意に誤差分散より大きいと判断できる.

表10.3 反復のある三元配置実験の分散分析

要因	自由度	偏差平方和の計算式	分散の期待値(母数模型)
全体	$nmpr-1$	$SST = \Sigma_{ijkl} X_{ijkl}^2 - CF$	
処理A	$n-1$	$SSA = \Sigma_i X_{i...}^2 / mpr - CF$	$\sigma^2 + mpr\,\kappa_A^2$
処理B	$m-1$	$SSB = \Sigma_j X_{.j..}^2 / npr - CF$	$\sigma^2 + npr\,\kappa_B^2$
処理C	$p-1$	$SSC = \Sigma_k X_{..k.}^2 / nmr - CF$	$\sigma^2 + nmr\,\kappa_C^2$
反復	$r-1$	$SSR = \Sigma_l X_{...l}^2 / nmp - CF$	---
A×B	$(n-1)(m-1)$	$SSAB = \Sigma_{ij} X_{ij..}^2 / pr - CF - (SSA + SSB)$	$\sigma^2 + pr\,\kappa_{AB}^2$
A×C	$(n-1)(p-1)$	$SSAC = \Sigma_{ik} X_{i.k.}^2 / mr - CF - (SSA + SSC)$	$\sigma^2 + mr\,\kappa_{AC}^2$
B×C	$(m-1)(p-1)$	$SSBC = \Sigma_{jk} X_{.jk.}^2 / nr - CF - (SB + SSC)$	$\sigma^2 + nr\,\kappa_{BC}^2$
誤差	$(nmp-1)(r-1) + (n-1)(m-1)(p-1)$	$SSE = SST - (SSA + SSB + SSC + SSR + SSAB + SSAC + SSBC)$	σ^2

注) $CF = (\Sigma_{ijkl} X_{ijkl})^2 / nmpr = X_{....} / nmpr$

第10章 反復のある三元配置実験

一般に広く用いられる母数模型では，処理や反復（因子）に関する主効果の分散を誤差分散で割って得られる F 値を分散成分の検定に用いる．また，生物学的あるいは農業上の意味が明確である1次相互作用分散（例えば，品種×場所，品種×施肥水準など）の有意性も誤差分散との対比で検定することができる．

4．分散分析と検定の例

わが国のイネの育種では，有望な系統が選抜され，新品種候補として登録する際には，新系統がいずれの地域の環境で，高品質・高収量となるかを調べるために，系統適応性検定試験を行う．

ここでは，元農林水産省北陸農業試験場が育成した新系統「北陸179号」（後の新品種「いただき」）の収量について，「日本晴」を比較品種（熟期の近い奨励品種）として行われた系統適応性検定試験のデータの一部を利用して，三元配置実験の分散分析を試みる．

表10.4のデータは，比較品種の「日本晴」と新系統「北陸179号」を1997～1999年の3年にわたり，福島相馬，福井，岡山の3試験地で3回反復で行

表10.4 水稲の新系統「北陸179号」の収量データ（kg/10a）
（北陸農業試験場，2000より抜粋）

品種・系統		北陸179	日本晴	年次×場所	場所計	
1997年	福島相馬	48	47	95	312	
	福井	68	61	129	389	
	岡山	51	50	101	309	
年次×品種		167	158	325	1010（総合計）	
1998年	福島相馬	52	44	96		
	福井	71	64	135		
	岡山	59	52	111	品種×場所	
年次×品種		182	160	342	北陸179	日本晴
1999年	福島相馬	62	59	121	162	150
	福井	68	57	125	207	182
	岡山	50	47	97	160	149
年次×品種		180	163	343	529	481

った生産力検定試験の結果である．

この試験では，年度・試験地ごとに3回反復の乱塊法によるデータが得られているが，ここでは計算を簡略化するために，3回反復の平均値をベースに分散分析を行った．その結果は，表10.5に示す通りであった．この場合，誤差の自由度が十分に確保できるので，反復の平均値をベースにして分散分析を行った．

分散分析の結果は，非常に明快で新系統「北陸179号」は，比較品種「日本晴」と同等の収量性があることがわかった．場所の分散が1％水準で有意となっているのは，試験地間の土地生産力（地力など）の差異によるとみられる．品種×場所の相互作用が有意になっていないことから，新系統「北陸179号」は，比較品種「日本晴」と同じように地力に反応したことが分かる．年次間には収量差はなく，したがって品種×年次の相互作用も有意にはなっていない．

このような試験の結果，「北陸179号」の収量が「日本晴」と変わらないことがわかり，品質・食味などのほかの特性が優れていたことから，「いただき」という品種名を付けて新品種に登録された．

表10.5　水稲の系統適応性検定試験の分散分析結果

要因	自由度	偏差平方和	分散	F値
品種	1	$SSV = 511202/9 - 56672 = 128$	128	3.76NS
場所	2	$SSP = 344146/6 - 56672 = 686$	343	10.09**
年次	2	$SSY = 340238/6 - 56672 = 34$	17	---
品種×場所	2	$SSVP = 172518/3 - 56672 - (128 + 686)$ $= 834 - 814 = 20$	10	---
品種×年次	2	$SSVY = 170546/3 - 56672 - (128 + 34)$ $= 177 - 162 = 15$	7.5	---
誤差	8	$SSE = 1156 - 128 - 686 - 34 - 20 - 15 = 273$	34	
全体	17	$SST = 57828 - 56672 = 1156$	$CF = 1010^2/18$ $= 56672$	

注）＊＊：1％水準で有意，NS：有意でないことを示す．

第11章　分割区法実験

これまでに学習してきた実験計画では，処理の割り当てをランダム（無作為）に行うことを前提としていた．しかし，実際の栽培圃場や実験室では，ランダムな順序で実験を行ったり，処理水準の割付けをランダムに行うことができない場合がある．

例えば，圃場の灌漑・排水や土壌の水分条件などを変えて行う実験では，これらの処理は，大きな区画でなければ実施できない．このような場合，まず大区画に処理を割り付け，この処理の水準ごとに，その他の処理の全ての水準を含める分割区法実験が組まれる．

例1：イネの湛水・乾田直播栽培において，異なる種類の酸素供給剤を種子に粉衣して，出芽や苗立ちに及ぼす影響を調べる実験

例2：ヤムイモの組織培養において，異なる温度条件で，異なる種類の植物ホルモンの効果を調べる実験

1．試験区の設定と反復のとり方

乱塊法と同様に，実験場所の環境の違いを考慮して，ブロック（反復）間の環境差を大きく，ブロック内はできる限り均一な環境になるようにして，各ブロックに全ての処理水準を収容して実験を反復する．

分割区法では，乱塊法と同様にいくつかのブロックを設けて，実験の全セットを反復する．まず，各ブロック（反復）内に，細かく水準を変化させることが困難な処理（因子），例えば，温度，遮光，灌漑などを大区画に割り当て，各大区画内に水準を変化させやすい処理（因子）を小区画に割り当てる．大区画に割り当てる処理を一次因子，大区画内の小区画に割り当てる処理を二次因子と呼ぶ．

一次因子は，ブロック内の大区画に割り当てられるため，ブロック数だけ反復されるが，二次因子は，ブロック内の大区画内に割り当てられるため，実質的には，ブロック数×大区画数だけ反復されることになる．このため，

表11.1 分割区法における試験区の配置

反復（ブロック）R1					反復（ブロック）Rr			
処理A（一次因子）A1				…	A1			
処理B（二次因子）	B1	B2	…	Bm	B1	B2	…	Bm
	P111	P121	…	P1m1	P11r	P12r	…	P1mr
A2					A2			
	B1	B2	…	Bm	B1	B2	…	Bm
	P211	P221	…	P2m1	P21r	22r	…	P2mr
⋮					⋮			
An					An			
	B1	B2	…	Bm	B1	B2	…	Bm
	Pn11	Pn21	…	Pnm1	Pn1r	Pn2r	…	Pnmr

一次因子よりも二次因子の方が繰返し数が多くなり，それだけ検定精度が高くなる．

2．モデルと自由度の分割

分割区実験のモデルは，やや複雑な形となる．

$$X_{ijk} = \mu + a_i + r_k + (ar)_{ik} + b_j + (ab)_{ij} + e_{ijk} \qquad (11-1)$$

この式で，処理Aと処理Bの主効果，処理A×処理Bの相互作用効果の総和は0となる $\{\Sigma_i a_i = \Sigma_j b_j = \Sigma_{ij}(ab)_{ij} = 0\}$．また，ブロックの主効果，処理A×ブロックの相互作用効果，誤差効果は，平均が0，分散がそれぞれσ_R^2, σ_{AR}^2, σ^2の正規分布をする $\{r_k \in N(0, \sigma_R^2), (ar)_{ik} \in N(0, \sigma_{AR}^2), e_{ijk} \in N(0, \sigma^2)\}$と仮定する．

分割区法実験では，大区画に割り当てた処理Aの効果 (a_i) は，処理Aとブロック（反復）の相互作用効果 $\{(ar)_{ik}\}$ と対比して検定し，小区画に割り当

てた処理Bの効果 (b_j) ならびに処理A×処理Bの相互作用効果 $\{(ab)_{ij}\}$ は，誤差 (e_{ijk}) と対比して有意性の検定を行う．

このように，分割区法のモデルには2種類の誤差が登場する．その一つは，$(ar)_{ik}$ であり一次誤差と呼ばれ，一次因子とブロックの一次相互作用である．もう一つは (e_{ijk}) は，二次誤差と呼ばれ一次因子内の二次因子とブロックの相互作用をプールしたものである．

このモデルに従って自由度を分割すると，

　　一次因子Aの主効果の自由度は，$n-1$

　　ブロックの主効果の自由度は，$r-1$

　　一次誤差（A×R）の自由度は，$(n-1)(r-1)$

　　二次因子Bの主効果の自由度は，$m-1$

　　一，二次因子の相互作用（A×B）の自由度は，$(n-1)(m-1)$

　　二次誤差の自由度は，$n(m-1)(r-1)$ となる．

3．分散分析とF検定

(11-1)式にしたがって，全平均値からの偏差平方和 $\Sigma_{ijk}(X_{ijk}-Xm)^2$ を分割すると，次の通りとなる．

$$\Sigma_{ijk}(X_{ijk}-Xm)^2 = mr\Sigma_i(Xm_i-Xm)^2 + nm\Sigma_k(Xm_k-Xm)^2 + m\Sigma_{ik}(Xm_{ik}-Xm_i-Xm_k+Xm)^2 + nr\Sigma_j(Xm_j-Xm)^2 + r\Sigma_{ij}(Xm_{ij}-Xm_i-Xm_j+Xm)^2 + \Sigma_i\{\Sigma_{jk}(X_{ijk}-Xm_{ij}-Xm_{ik}+Xm_i)^2\} \quad (11-2)$$

それぞれの偏差平方和は，次の式で計算することができる．

SST（全偏差平方和）$= \Sigma_{ijk}(X_{ijk}-Xm)^2 = \Sigma_{ijk}X_{ijk}^2 - X_{...}^2/nmr$

SSA（処理A）$= mr\Sigma_i(Xm_i-Xm)^2 = \Sigma_i X_{i..}^2/mr - X_{...}^2/nmr$

SSR（反復R）$= nm\Sigma_k(Xm_k-Xm)^2 = \Sigma_k X_{..k}^2/nm - X_{...}^2/nmr$

SSE1（一次誤差，A×R）$= m\Sigma_{ik}(Xm_{ik}-Xm_i-Xm_k+Xm)^2$
$\qquad\qquad\qquad\qquad\qquad = \Sigma_{ik}X_{i.k}^2/m - X_{...}^2/nmr - （SSA+SSR）$

SSB（処理B）$= nr\Sigma_j(Xm_j-Xm)^2 = \Sigma_j X_{.j.}^2/nr - X_{...}^2/nmr$

$$\text{SSI (相互作用 A} \times \text{B)} = r\Sigma_{ij} \, (Xm_{ij} - Xm_i - Xm_j + Xm)^2$$
$$= \Sigma_{ij} X_{ij\cdot}{}^2 / r - X...^2 / nmr - (\text{SSA} + \text{SSB})$$
$$\text{SSE2 (二次誤差)} = \Sigma_i \, \{\Sigma_{jk} \, (X_{ijk} - Xm_{ij} - Xm_{ik} + Xm_i)^2\}$$
$$= \text{SST} - (\text{SSA} + \text{SSR} + \text{SSE1} + \text{SSB} + \text{SSI})$$

表 11.2　分割区実験の分散分析

要因	自由度	偏差平方和の計算式	分散の期待値
処理 A	$n-1$	$\text{SSA} = \Sigma_i X_{i\cdot\cdot}{}^2 / mr - X...^2/nmr$	$\sigma^2 + m\sigma_{AR}^2 + mr\kappa_A^2$
反復 R	$r-1$	$\text{SSR} = \Sigma_k X_{\cdot\cdot k}{}^2 / nm - X...^2/nmr$	---
一次誤差 (A×R)	$(n-1)(r-1)$	$\text{SSE1} = \Sigma_{ik} X_{i\cdot k}{}^2 / m - X...^2/nmr$ $-$ (SSA + SSR)	$\sigma^2 + m\sigma_{AR}^2$
処理 B	$m-1$	$\text{SSB} = \Sigma_j X_{\cdot j\cdot}{}^2 / nr - X...^2/nmr$	$\sigma^2 + nr\kappa_B^2$
相互作用 (A×B)	$(n-1)(m-1)$	$\text{SSI} = \Sigma_{ij} X_{ij\cdot}{}^2 / r - X...^2/nmr$ $-$ (SSA + SSB)	$\sigma^2 + r\kappa_{AB}^2$
二次誤差	$n(m-1)(r-1)$	$\text{SSE2} = \text{SST} -$ (SSA + SSR + SSE1 + SSB + SSI)	σ^2
全体	$nmr-1$	$\text{SST} = \Sigma_{ijk} X_{ijk}{}^2 - X...^2/nmr$	

注）各要因の分散（VA, VE1, VB, VI, VE2）は，それぞれの偏差平方和（SSA, SSE1, SSB, SSI, SSE2）をそれぞれの対応する自由度で割って求められる．

　処理 A の効果は，分散比 $VA/VE1 = F_a$ を F 表の分子と分母の自由度がそれぞれ $(n-1)$，$(n-1)(r-1)$ に相当する 5 ％の有意水準の F 値（$F_{0.05}$）と比較して，$F_a > F_{0.05}$ であれば，帰無仮説（$VA = VE1$）を棄却して，$VA > VE1$ と推定できる．その理由は，処理 A の分散と一次誤差分散の比の期待値は，$E(VA/VE1) = 1 + \{mr\kappa_A^2 / (\sigma^2 + m\sigma_{AR}^2)\} > 1$ となり，95 ％の確率で，$\kappa_A^2 > 0$ となり，処理 A の効果による分散成分が有意に大きいと見ることができるからである．

　処理 B の効果は，分散比 $VB/VE2 = F_b$ を F 表の分子と分母の自由度がそれぞれ $(m-1)$，$n(m-1)(r-1)$ にあたる 5 ％有意水準の F 値と比較して，$F_b > F_{0.05}$ であれば，95 ％の確率で $VB > VE2$ と見ることができる．その理由は，処理 B と二次誤差の分散比の期待値は，$E(VB/VE2) = 1 + nr\kappa_B^2/\sigma^2 > 1$ となり，$\kappa_B^2 > 0$ と推定され，処理 B の効果による分散成分が有意に大き

いと見ることができる.

処理Aと処理Bの相互作用も二次誤差の分散を使って，同様に有意性を検定することができる.

一次因子として大区画に割り当てた処理Aと二次因子として小区画に割り当てた処理Bとを比較すると，それぞれの効果を検定するために用いる誤差分散の自由度の差は，$n(m-1)(r-1)-(n-1)(r-1) = (r-1)\{n(m-2)+1\}$ となり，$m \geq 2$ であるから，$n(m-1)(r-1) > (n-1)(r-1)$ となる．このため，二次因子の方が誤差の自由度が大きく，F検定の精度が高くなることがわかる．したがって，大区画に割り当てられる処理Aよりも，小区画に割り当てる処理Bの方が効果を高い精度で確かめることができる．

4．分析と検定の例

表11.3のデータは，ウィスコンシン大学のD.C.Arnyらが4種類のエンバクの種子ロットに3種類の化学物質（Ceresan M，Panogen，Agrox）を処理して収量（エーカー当たりブッシェル）を調べたものである．4種の異なる種子ロットのエンバクを大区画にランダムに割り付け，4反復（ブロック）とし，それぞれの大区画の中に無処理区とC，P，Aの3種の薬品処理区をランダムに割り付けて実験を行った．

(11-1) 式のモデルにより分散分析を行った．

まず，要因項目ごとに偏差平方を計算する．

種子ロット（A）：$SSA = \Sigma_i X_{i..}^2 / 16 - X_{...}^2 / 64 = (679.3^2 + 854.5^2 + 868.9^2$
$\quad + 977.1^2) / 16 - 3379.8^2 / 64 = 181333 - 178485 = 2848$

ブロック（R）：$SSR = \Sigma_k X_{..k}^2 / 16 - X_{...}^2 / 64 = (965.3^2 + 936.8^2 + 733.8^2$
$\quad + 743.9^2) / 16 - 3379.8^2 / 64 = 181328 - 178485 = 2843$

一次誤差（A×R）：$SSE1 = \Sigma_{ik} X_{i \cdot k}^2 / 4 - X_{...}^2 / 64 - (SSA + SSB) =$
$\quad (190.6^2 + 195.7^2 + 141.8^2 + 151.2^2 + 234.8^2 + 262.4^2$
$\quad + 173.3^2 + 184.0^2 + 253.8^2 + 211.1^2 + 204.9^2 + 199.1^2$
$\quad + 286.1^2 + 267.6^2 + 213.8^2 + 209.6^2) / 4 - 3379.8^2 / 64$
$\quad - 2848 - 2843 = 184794 - 178485 - 2848 - 2843$

$$= 618$$

薬品処理（B）：$\text{SSB} = \Sigma_j X_{\cdot j \cdot}^2 / 16 - X_{\cdots}^2 / 64 = (811.0^2 + 883.2^2 + 850.0^2 + 835.6^2) / 16 - 3379.82 / 64 = 178656 - 178485 = 171$

相互作用（A × B）：$\text{SSI} = \Sigma_{ij} X_{ij\cdot}^2 / 4 - X_{\cdots}^2 / 64 - (\text{SSA} + \text{SSB}) = (144.2^2 + 202.5^2 + 183.4^2 + 149.2^2 + 203.4^2 + 221.5^2 + 212.4^2 + 217.2^2 + 215.7^2 + 205.5^2 + 223.5^2 + 224.2^2 + 247.7^2 + 253.7^2 + 230.7^2 + 245.0^2) / 4 - 3379.8^2 / 64 - 2848 - 171 = 182090 - 178485 - 2848 - 171 = 586$

表 11.3　異なる種子ロットに 3 種の薬品を処理した
エンバクの収量 (Steel & Torrie, 1960)

種子	反復	無処理	CM	P	A	種子合計
SL1	R1	42.9	53.8	49.5	44.4	190.6
	R2	41.6	58.5	53.8	41.8	195.7
	R3	28.9	43.9	40.7	28.3	141.8
	R4	30.8	46.3	39.4	34.7	151.2
薬品×種子計		144.2	202.5	183.4	149.2	679.3
SL2	R1	53.3	57.6	59.8	64.1	234.8
	R2	69.6	69.6	65.8	57.4	262.4
	R3	45.4	42.4	41.4	44.1	173.3
	R4	35.1	51.9	45.4	51.6	184.0
薬品×種子計		203.4	221.5	212.4	217.2	854.5
SL3	R1	62.3	63.4	64.5	63.6	253.8
	R2	58.5	50.4	46.1	56.1	211.1
	R3	44.6	45.0	62.6	52.7	204.9
	R4	50.3	46.7	50.3	51.8	199.1
薬品×種子計		215.7	205.5	223.5	224.2	868.9
SL4	R1	75.4	70.3	68.8	71.6	286.1
	R2	65.6	67.3	65.3	69.4	267.6
	R3	54.0	57.6	45.6	56.6	213.8
	R4	52.7	58.5	51.0	47.4	209.6
薬品×種子計		247.7	253.7	230.7	245.0	977.1
薬品合計		811.0	883.2	850.0	835.6	
反復		反復1	反復2	反復3	反復4	総合計
反復合計		965.3	936.8	733.8	743.9	3379.8

全偏差平方和：SST $= \Sigma_{ijk} X_{ijk}^2 - X_{...}^2 / 64 = 42.9^2 + 53.8^2 + 49.5^2 + 44.4^2$
$+ \cdots + 52.7^2 + 58.5^2 + 51.0^2 + 47.4^2 - 3379.8^2 / 64 =$
$186283 - 178485 = 7798$

二次誤差：SSE2 = SST － (SSA + SSR + SSE1 + SSB + SSI) = 7798 －
(2848 + 2843 + 618 + 171 + 586) = 732

分散分析の結果は，表11.4の通りとなる．

この分析では，種子ロットは大区画に割り当てた関係で，その主効果の分散を一次誤差分散と比較する．両者の分散比（$F_a = 13.8$）は，F表の分子の自由度3で，分母の自由度が9である1％水準のF値（$F_{0.01} = 6.99$）をはるかに越えている．したがって，種子ロットの違いによるエンバクの収量には，有意な差異があるとみられる．

一方，薬品処理は小区画に割り当てたため，二次誤差と比較する．薬品処理による分散は57.0であり，二次誤差分散との比は2.80となる．この値は，分子の自由度が3で，分母の自由度が36に相当する5％水準のF値（$F_{0.05} = 2.86$）よりも小さい．したがって，エンバクの収量に対して薬品処理の効果は，みられないと判断される．

しかし，二次誤差分散に対する種子ロットと薬品処理の相互作用の分散の比（$F_{ab} = 3.21$）は，分子と分母の自由度が9と36の1％水準のF値（$F_{0.01} = 2.94$）より大きい．したがって，種子ロットの違いにより薬品処理の効果のあらわれ方が異なるとみることができる．

表11.4 エンバク収量の分散分析結果

要因	自由度	偏差平方和	分散	F値（分散比）
種子ロット（A）	3	2848	949.3	13.82**
ブロック（R）	3	2843	947.6	－－－
一次誤差（A×R）	9	618	68.7	
薬品処理	3	171	57.0	2.80NS
相互作用（A×B）	9	586	65.1	3.21**
二次誤差	36	732	20.3	
合計	63	7798		

注）**：1％水準で有意，NS：有意でないことを示す．

4. 分析と検定の例

そこで，種子ロット平均値間の有意差を多重比較検定により調べる．一次誤差の自由度 9 で比較範囲 2〜4 に対応する SSR 係数表（付表 5）から引き，それぞれに一次標準誤差（一次誤差から計算：$s_{Xm} = \sqrt{68.7/16} = 2.07$）を乗じて LSR 値を求めると，次の表の通りになる．これらの値を使って，種子ロットの平均値間の有意差の検定を行う．

比較する平均値の範囲	LSR2	LSR3	LSR4
1 % 水準での SSR 値	4.60	4.79	4.91
LSR 値（SSR × 2.07）	9.52	9.92	10.16

表 11.5 種子ロット間差異の有意性検定結果

種子ロット	SL4	SL3	SL2	SL1
平均値	61.1	54.3	53.4	42.5
有意性検定結果	a	a	a	b

種子ロットの平均値を大きさの順にならべると，表 11.5 のようになる．

種子ロット SL4 と SL3 の平均値の差は，$61.0 - 54.3 = 6.7 <$ LSR2 $= 9.52$ となり，有意差がない．SL4 と SL2 との比較では，$61.1 - 53.4 = 7.7 <$ LSR3 $= 9.92$ で，これらの平均値間にも有意差は，認められない．さらに，SL4 と SL1 の平均値の比較では，$61.1 - 42.5 = 18.6 >$ LSR4 $= 10.16$ となり，これらの間には有意差が認められる．その次に，SL1 と SL2 を比較すると，$53.4 - 42.5 = 10.9 >$ LSR2 $= 9.52$ となり，両者の間には有意な差異が存在することがわかる．

以上の検定結果を整理して，有意差のない平均値には同じ英文字を付し，有意差のある平均値には，異なる英文字を付けて区別する．

表 11.5 の検定結果は，次のように解釈できる．「SL4，SL3，SL2 の平均値間には差異がないが，これらと SL1 との間には有意な差異が存在する」ことを 99 % の確信をもって（1 % の危険率で）結論することができる．

最後に，種子ロットと薬品処理の相互作用が有意になっていることは，何を意味しているのか考えてみよう．そのために，薬品処理区を横軸にとり，種子ロットごとにエンバクの収量を縦軸に目盛ってグラフを描くと，図 11.1 のようになる．種子ロットと薬品処理の間に相互作用があるということは，種子ロットによって，薬剤に対する反応が異なることを意味している．この図から明らかな通り，例えば，ほかのロットに比較して，とくに種子ロット 1 は

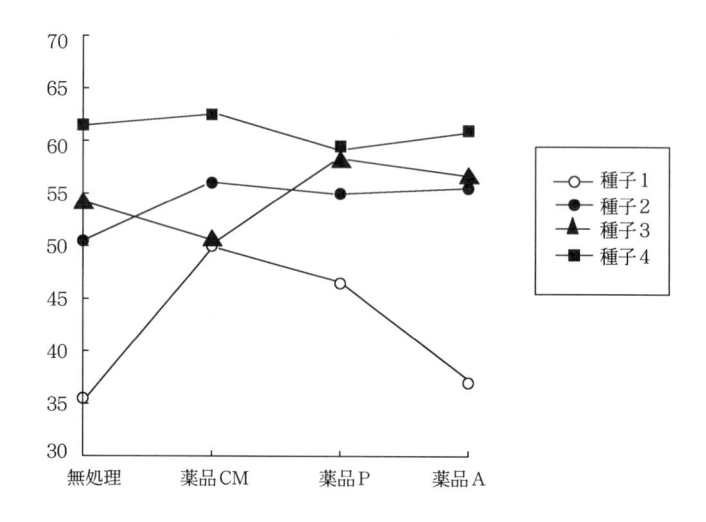

図 11.1 種子ロットと薬品処理の相互作用

薬剤に対する反応がきわだって異なっていることがわかる．こうした種子ロットによる薬剤に対する反応の違いが相互作用の分散を有意に大きくしていると解釈できる．

第12章 2水準（2^n型）直交配列実験

　直交配列実験では，最小の実験回数（規模）で最大の情報を得ることのできる点に大きな特徴があり，最も効率のよい実験計画の一つと言える．直交配列実験では，多種の処理（または要因）と取り上げ，水準数は2または3と少なくして，全ての処理と水準を組み合わせた試験区を作る．例えば，3処理2水準の実験では，$2^3=8$，4処理2水準の実験では，$2^4=16$の試験区（または実験単位）が必要になる．

　原則的に直交配列実験では，全ての自由度に対応する偏差平方和に意味をもたせることができる．しかし，全ての処理・水準の組合せを全部実施（完全実施）しようとすると，処理数の増加とともに必要な試験区数が指数関数的に急増する．このため，処理数が多くなる場合，実質的な意味が少なく解釈の難しい2次以上の高次相互作用の偏差平方和をプールして，誤差の偏差平方和として利用したり，あるいは，高次相互作用に相当する直交ベクトルにほかの処理水準を割り付けて，処理水準の組合せの一部を実施（部分実施または不完全実施）することもできる．

　多くの種類の処理（要因）を取り上げ，その中でどの処理が効果的であるかを予め調べる時に，直交配列実験がとくに有効である．このような予備実験では，多種類の処理をとりあげて有効な処理にあたりをつけることが目的となるので，処理あたり2水準ずつを設定して実験を行う場合が多い．そして，少数の有効な処理に絞り込んでから，次の段階の実験で水準数を多く設定して，最適水準を明らかにするのが得策である．

　直交配列実験では，多くの処理の効果を比較的少ない実験回数で同時に調べることができるばかりでなく，主効果と共に相互作用の効果を確かめることができる．生物学的に無視できるか，重要性の少ない2次以上の高次相互作用をまとめて誤差とすることができる．

　例1：新開地において，ソバなどの雑穀類の栽培をはじめる時に，窒素（N），燐酸（P），カリ（K）のいずれが最も肥効が高く，また，どの種

類の肥料の間に有効な相互作用があるのかを確かめる実験

例2：ヤムイモの組織培養実験において，培養温度，培地の種類，植物ホルモンの種類，糖の種類，ビタミン類などの中，いずれの処理がカルスからの植物体の再分化に最も有効で，どの処理の間に相互作用効果があるかを明らかにする実験

1．直交ベクトルと直交配列表

　日常生活でなじみのある実数は，直線上の点の集合として定義され，方向をもたない大きさだけをもつ数量（スカラー）である．これに対して，ベクトルは方向と大きさをもち，二つ以上の実数の組合せとしてあらわされ，2次元以上の空間の点の集合として定義できる．例えば，(1, 1)や(－1, 1)などは，2次元ベクトルであり，2次元平面上の点をあらわす．これら二つのベクトルの対応する要素の積和を内積といい，内積が0となるベクトルは，直角に交わる，すなわち直交する．例えば，上の二つのベクトルの内積は，

　$1 \times (-1) + (1) \times 1 = 0$ となり，これらは，直角に交わる直交ベクトルである．

　直交配列表は，内積が0となる直交ベクトルのセットから成り，直交配列表を用いた実験計画を直交配列実験と呼んでいる（ベクトルや行列に関する詳しい説明は，補章参照）．

　まず，最も単純な2処理2水準の2^2直交配列表は，四つの直交ベクトルから構成される．例えば，(1, 1, 1, 1), (1, 1, －1, －1), (1, －1, 1, －1), (1, －1, －1, 1)の四つのベクトルは互いに直交する．したがって，これら四つの直交ベクトルから，2^2直交配列表を作ることができる．

　また，3処理2水準の2^3直交配列表は，八つの直交ベクトルから成り立つ．例えば，次の八つのベクトルは，互いに直交している．

① ：　　　　　　　(1,　1,　1,　1,　1,　1,　1,　1)
② ：　　　　　　　(1,　1,　1,　1, －1, －1, －1, －1)
③ ：　　　　　　　(1,　1, －1, －1,　1,　1, －1, －1)
④ ：　　　　　　　(1, －1,　1, －1,　1, －1,　1, －1)

⑤：②×③　　　(1,　1,　−1,　−1,　−1,　−1,　1,　1)
⑥：②×④　　　(1,　−1,　1,　−1,　−1,　1,　−1,　1)
⑦：③×④　　　(1,　−1,　−1,　1,　1,　−1,　−1,　1)
⑧：②×③×④　(1,　−1,　−1,　1,　−1,　1,　1,　−1)

これらの直交ベクトルの間には，次の関係が成立している．
1) ①を除く全てのベクトルは，八つの要素の和は0となる．
2) いずれの二つのベクトルの間でも，内積が0となる．
3) いずれの二つのベクトルの対応する要素の積は，いずれかの特定のベクトルの対応要素となる．この原理を利用して，②，③，④のベクトルの対応要素をかけ合わせることにより⑤，⑥，⑦，⑧の直交ベクトルを作り出すことができる．

2．2^n直交配列表と処理区の割付け

2^n型直交配列実験では，n種類の処理と各処理2水準とを組み合わせて，2^n個の試験区を作って，その全セットを反復するか，あるいは2^n個の全ての処理・水準組合せ内に繰返しを設けるかする．反復も繰返しもできない場合には，一部の相互作用分散を誤差分散とすることもできる．

例えば，3種類の植物ホルモン｛アブシジン酸（A），ジャスモン酸（J），ジベレリン（G）｝がヤムイモの塊茎肥大に及ぼすの効果を直交配列実験で調べようとする場合，植物ホルモンの種類ごとに処理区と無処理区の2水準を設け，全8種類の処理・水準組合せを1セットとして実験を行う必要がある．アブシジン酸処理と無処理をそれぞれA1，A0，ジャスモン酸処理と無処理をJ1，J0，ジベレリン処理と無処理をG1，G0であらわすと，直交配列実験を完全実施するには，次の8種の試験区が必要になる．

A0J0G0，A0J0G1，A0J1G0，A0J1G1，
A1J0G0，A1J0G1，A1J1G0，A1J1G1

これらの8試験区を1セットとして，場所または時期を変えて実験を反復するか，それぞれの8試験区内に繰返しを設けるのが望ましい．しかし，反復も繰返しも設定できない場合，1次あるいは2次の相互作用の一部を犠牲

にして誤差とし、主効果ならびに一部の1次相互作用の検定を行うこともできる．

2^3型直交配列実験は、八つの直交ベクトルから成り立っており、そのうち一つは、平均値の計算に関係するもので、ほかの七つの直交ベクトルに自由度1を割り当てることができる．また、これら七つの直交ベクトルを使って、それぞれの自由度1に対応する7種の偏差平方和を計算することができる．

先のヤムイモに対する植物ホルモンの効果を調べる実験を例にすると、まず、3種の処理（A, J, G）の主効果（a, j, g）を最初の三つの直交ベクトルに割り当てることができる．

主効果aに対応する行ベクトル：(1, 1, 1, 1, −1, −1, −1, −1)
主効果jに対応する行ベクトル：(1, 1, −1, −1, 1, 1, −1, −1)
主効果gに対応する行ベクトル：(1, −1, 1, −1, 1, −1, 1, −1)

次に、1次相互作用に関連する行ベクトルは、主効果の行ベクトルの対応する要素をかけ合わせて求めることができる．例えば、主効果aと主効果jの相互作用ajに対応する行ベクトルの第1要素は、$1 \times 1 = 1$、第2要素は、$1 \times 1 = 1$、第3要素は、$1 \times (-1) = -1$、……第8要素は、$(-1) \times (-1) = 1$となる．以下同様にして、各1次相互作用のベクトルを求めると、下記の通りになる．

1次相互作用ajの行ベクトル：(1, 1, −1, −1, −1, −1, 1, 1)
1次相互作用agの行ベクトル：(1, −1, 1, −1, −1, 1, −1, 1)
1次相互作用jgの行ベクトル：(1, −1, −1, 1, 1, −1, −1, 1)

さらに、2次相互作用のベクトルは、三つの主効果ベクトルの対応要素の積として求めることができる．

2次相互作用ajgのベクトル：(1, −1, −1, 1, −1, 1, 1, −1)

この七つのベクトルは互いに直交する．すなわち、いずれの二つのベクトル間の内積も0となり、互いに独立で直角に交わる．例えば、主効果gベクトルとaj相互作用ベクトルの内積は、$1 \times 1 + (-1) \times 1 + 1 \times (-1) + (-1) \times (-1) + 1 \times (-1) + (-1) \times (-1) + 1 \times 1 + (-1) \times 1 = 0$となり、この二つベクトルは互いに独立で直交していることがわかる．

2. 2^n 直交配列表と処理区の割付け

表 12.1　2^3 直交表への処理区の割付

要素	直交列ベクトル ②　③　④　⑤　⑥　⑦　⑧	3処理実験	4処理実験	データ
1	1　1　1　1　1　1　1	A1J1G1	A1B1C1D1	X_1
2	1　1　−1　1　−1　−1　−1	A1J1G0	A1B1C0D0	X_2
3	1　−1　1　−1　1　−1　−1	A1J0G1	A1B0C1D0	X_3
4	1　−1　−1　−1　−1　1　1	A1J0G0	A1B0C0D1	X_3
5	−1　1　1　−1　−1　1　−1	A0J1G1	A0B1C1D0	X_5
6	−1　1　−1　−1　1　−1　1	A0J1G0	A0B1C0D1	X_6
7	−1　−1　1　1　−1　−1　1	A0J0G1	A0B0C1D1	X_7
8	−1　−1　−1　1　1　1　−1	A0J0G0	A0B0C0D0	X_8
ベクトルの類縁関係	a　　　a　a　　　a　b　　b　　b　b　　　　　c　　c　c　c	全相互作用を評価可能	2次相互作用を犠牲にして，処理 D を割り付け	
3処理割付	A　　J　G			
4処理割付	A　B　C　　　　　D			

注）直交ベクトル①は平均値の計算に使用

　これらの行ベクトル（要素を横に並べてあらわしたベクトル）を列ベクトル（要素を縦に並べてあらわしたベクトル）に転置して，直交配列表を作ることができる．こうして作成される 2^3 直交配列表に，八つの処理区を割り付けると表12.1のようになる．3処理2水準の 2^3 型直交配列実験では，処理と水準の全組合せは，$2^3 = 8$ となり，互いに独立な7種の8次元直交ベクトルに自由度を一つずつ割り振ることができる．

　3処理2水準の 2^3 型直交配列実験を完全実施する場合，表12.1に示した最初の左から第1番目の列ベクトル②，第2の③，第3の④に，A，J，Gの三つの処理をまず割り付ける．そして，第4番目の列ベクトル⑤，第5の⑥，第6の⑦は，それぞれ②と③，②と④，③と④の列ベクトルの対応要素をかけあわせて求めているので，それぞれに AJ，AG，JG の1次相互作用を割り付けている．さらに，最後の第7番目の列ベクトル⑧は，第1，第2，第3番目のベクトルの対応する三つの要素の積であるので，AJG の2次相互作用を割り付けてある．このようにして，3処理2水準の実験では三つの主効果，三つの

1次相互作用効果，一つの2次相互作用効果に，七つの独立な直交列ベクトルを割り付けることができる．

こうして，3種の処理（A, J, G）の二つの水準（0, 1）の設定を行うことができる．その方法は，まず，第1, 第2, 第3番目のA, J, Gの処理の主効果に対応する列ベクトルの要素1に対応して水準1，要素-1に対応して水準0を割り当てる．例えば，最初の三つの列ベクトル②, ③, ④の第1番目の要素は，(1, 1, 1)であるから，この行には試験区A1J1G1を割り当て，第2番目の要素は，(1, 1, -1)であるので，この行に試験区A1J1G0を割り当て，以下同様にして，最後の第8番目の要素は，(-1, -1, -1)となっているので，試験区A0J0G0を割り当てる．

一般にn処理（因子）の2水準直交配列実験には，2^nの試験区が必要になる．そして，主効果は，${}_nC_1 = n$種類であるが，r次の相互作用は，${}_nC_r = n!/(n-r)!r!$種類あることになる．

例えば，4処理2水準の実験では，$2^4 = 16$の試験区が必要となり，主効果は，${}_4C_1 = 4$種類，1次相互作用は，${}_4C_2 = 4!/(4-2)!2! = 6$種類，2次相互作用は，${}_4C_3 = 4!/(4-3)!3! = 4$種類，3次相互作用は，${}_4C_4 = 4!/(4-4)!4! = 1$種類が存在することになり，主効果と全ての相互作用を分離するには，$4+6+4+1 = 15$個の独立な直交ベクトル，すなわち，2^4直交配列表が必要になる．

4処理2水準の直交配列実験を16試験区ではなく，その半分の8試験区で部分実施したい場合，表12.1の最下段に示したように2次の相互作用を犠牲にして，第4番目の主効果（D）を割付けて実験を行うことができる．

試験区の設定は，2^3型直交配列実験の場合と同様に行うことができる．例えば，第5番目の行の主効果a, b, c, dの列ベクトルの5番目の要素は，(-1, 1, 1, -1)となっているので，この行には，試験区A0B1C1D0が割り当てられる．同様にして，ほかの試験区をいずれかの行に割り当てることができる．

3. 自由度の分割と分散分析

3処理2水準実験に話をもどして，表12.1の2^3直交配列表を使って，八つの処理区平均値間の全偏差平方和を三つの主効果（a, j. g），3種の1次相互作用（aj, ag, jg），並びに一つの2次相互作用（ajg）に対応する自由度1の偏差平方和に分割する方法を考えてみよう．

試験区間の全平方和は，$\Sigma_i (X_i - Xm)^2$で求めることができる．各試験区内にr回の繰返しがある場合は，$\Sigma_i X_{i.}^2 / r - X..^2 / nr$となることは，言うまでもない．

自由度1に対応する各種の効果の偏差平方和（自由度1のとき分散に等しい）は，次式で計算することができる．これらを全部加えると，全偏差平方和となる．これらの各効果の偏差平方和（分散）を求める計算式は，表12.1の直交配列表から作ることができる．

例えば，主効果aの偏差平方和は，表12.1の第1番目（最左）の列ベクトル②と最右列のデータベクトルの内積（$X_1 + X_2 + X_3 + X_4 - X_5 - X_6 - X_7 - X_8$）を平方してデータの個数8で割ると得られる．同様にして，その他の効果の偏差平方和も，それぞれの効果に対応する列ベクトルとデータの列ベクトルの内積をとり，それを平方してデータの個数で割れば求まる．この方法で各効果の平方を求めると，次の通りになる．

主効果 a : $(X_1 + X_2 + X_3 + X_4 - X_5 - X_6 - X_7 - X_8)^2 / 8$
主効果 j : $(X_1 + X_2 - X_3 - X_4 + X_5 + X_6 - X_7 - X_8)^2 / 8$
主効果 g : $(X_1 - X_2 + X_3 - X_4 + X_5 - X_6 + X_7 - X_8)^2 / 8$

1次相互作用 aj : $(X_1 + X_2 - X_3 - X_4 - X_5 - X_6 + X_7 + X_8)^2 / 8$
1次相互作用 ag : $(X_1 - X_2 + X_3 - X_4 - X_5 + X_6 - X_7 + X_8)^2 / 8$
1次相互作用 ag : $(X_1 - X_2 - X_3 + X_4 + X_5 - X_6 - X_7 + X_8)^2 / 8$

2次相互作用 ajg : $(X_1 - X_2 - X_3 + X_4 - X_5 + X_6 + X_7 - X_8)^2 / 8$

これら七つの平方和を因数分解して加えると，次のようにして全平方和となる．

$(7X_1^2 + 7X_2^2 + 7X_3^2 + 7X_4^2 + 7X_5^2 + 7X_6^2 + 7X_7^2 + 7X_8^2 - 2X_1X_2 - 2X_1X_3 - 2X_1X_4 - 2X_1X_5 - 2X_1X_6 - 2X_1X_7 - 2X_1X_8 - 2X_2X_3 - 2X_2X_4 - 2X_2X_5 - 2X_2X_6 - 2X_2X_7 - 2X_2X_8 - 2X_3X_4 - 2X_3X_5 - 2X_3X_6 - 2X_3X_7 - 2X_3X_8 - 2X_4X_5 - 2X_4X_6 - 2X_4X_7 - 2X_4X_8 - 2X_5X_6 - 2X_5X_7 - 2X_5X_8 - 2X_6X_7 - 2X_6X_8 - 2X_7X_8)/8$

$= (X_1^2 + X_2^2 + X_3^2 + X_4^2 + X_5^2 + X_6^2 + X_7^2 + X_8^2)$

$-(X_1^2 + X_2^2 + X_3^2 + X_4^2 + X_5^2 + X_6^2 + X_7^2 + X_8^2 + 2X_1X_2 + 2X_1X_3 + 2X_1X_4 + 2X_1X_5 + 2X_1X_6 + 2X_1X_7 + 2X_1X_8 + 2X_2X_3 + 2X_2X_4 + 2X_2X_5 + 2X_2X_6 + 2X_2X_7 + 2X_2X_8 + 2X_3X_4 + 2X_3X_5 + 2X_3X_6 + 2X_3X_7 + 2X_3X_8 + 2X_4X_5 + 2X_4X_6 + 2X_4X_7 + 2X_4X_8 + 2X_5X_6 + 2X_5X_7 + 2X_5X_8 + 2X_6X_7 + 2X_6X_8 + 2X_7X_8)/8$

$= (X_1^2 + X_2^2 + X_3^2 + X_4^2 + X_5^2 + X_6^2 + X_7^2 + X_8^2) - (X_1 + X_2 + X_3 + X_4 + X_5 + X_6 + X_7 + X_8)^2/8$

$= \Sigma_i X_i^2 - (\Sigma_i X_i)^2/8 = \Sigma_i (X_i - Xm)^2$

このようにして，2^3型直交配列実験では，8種類の処理によって生ずる偏差平方和を自由度1ずつの意味のある7種の平方和（分散）に分割することができることがわかる．

一般に直交配列実験では，処理（因子）の数よりも多い直交ベクトルをもつ直交配列表に処理の主効果とそれらの間の相互作用効果を割り付け，一部の相互作用効果（通常は，2次以上の高次相互作用）をプールして，誤差分散として分散分析を行うことができる．また，各処理区の中に繰返しを設けるか，全処理区セットをブロックとして試験を反復することにより，各処理の主効果と処理間の相互作用の分散の有意性を統計的に検定することができる．

2^n個処理区内にr回の繰り返しを設けた場合，全自由度は，$2^n r - 1$であり，処理効果の偏差平方和に対応する自由度$2^n - 1$と，処理区内の繰返しの偏差平方和をプールして誤差の偏差平方和とし，その自由度$2^n(r-1)$とに分割できる．

全処理区を一つのブロックに納めr回の反復をとった場合，全自由度$2^n r - 1$は，処理区間の自由度$2^n - 1$とブロック間の自由度$r - 1$，両者の相互作用

の $(2^n - 1)(r - 1)$ とに分割され,相互作用を誤差として検定することができる.

4．分析と検定の例

リンゴの切枝における癒傷の成長を調べる実験で,温度 T（20℃と32℃），切枝の種類 V（黄色透明種と耐冬性北方種），観察時期 D（5日後と7日後），反復 R（前期と後期）の各2水準4処理（因子）を 2^4 直交配列表に割り付けた.

この直交表の作り方は,まず,第1～4番目の列ベクトルに a,b,c,d の主効果を割り付け,第5番目以降の相互作用に対応する列ベクトルは,それぞれの主効果の対応要素を乗ずることにより,機械的に作り出すことができる.例えば,ab の相互作用に対応する列ベクトルは,第1要素を $1 \times 1 = 1$ とし,第2要素を $1 \times 1 = 1$,…,第16要素を $(-1) \times (-1) = 1$ として,作り

表12.2　2^4 直交配列表と処理の割付（Mather, 1951改変）

①	②	③	④	⑤	⑥	⑦	⑧	⑨	⑩	⑪	⑫	⑬	⑭	⑮	処理区	データ
1	1	1	1	1	1	1	1	1	1	1	1	1	1	1	T1V1D1R1	3
1	1	1	-1	1	1	-1	1	-1	-1	1	-1	-1	-1	-1	T1V1D1R2	3
1	1	-1	1	1	-1	1	-1	1	-1	-1	1	-1	-1	-1	T1V1D2R1	9
1	1	-1	-1	1	-1	-1	-1	-1	1	-1	-1	1	1	1	T1V1D2R2	8
1	-1	1	1	-1	1	1	-1	-1	1	-1	-1	1	-1	-1	T1V2D1R1	3
1	-1	1	-1	-1	1	-1	-1	1	-1	-1	1	-1	1	1	T1V2D1R2	2
1	-1	-1	1	-1	-1	1	1	-1	-1	1	-1	-1	1	1	T1V2D2R1	9
1	-1	-1	-1	-1	-1	-1	1	1	1	1	1	1	-1	-1	T1V2D2R2	5
-1	1	1	1	-1	-1	-1	1	1	1	-1	-1	-1	1	-1	T2V1D1R1	19
-1	1	1	-1	-1	-1	1	1	-1	-1	-1	1	1	-1	1	T2V1D1R2	7
-1	1	-1	1	-1	1	-1	-1	1	-1	1	-1	1	-1	1	T2V1D2R1	9
-1	1	-1	-1	-1	1	1	-1	-1	1	1	1	-1	1	-1	T2V1D2R2	5
-1	-1	1	1	1	-1	-1	-1	-1	1	1	1	-1	-1	1	T2V2D1R1	7
-1	-1	1	-1	1	-1	1	-1	1	-1	1	-1	1	1	-1	T2V2D1R2	3
-1	-1	-1	1	1	1	-1	1	-1	-1	-1	1	1	1	-1	T2V2D2R1	7
-1	-1	-1	-1	1	1	1	1	1	1	-1	-1	-1	-1	1	T2V2D2R2	3
a				a	a	a				a	a	a		a	合計	102
	b			b			b	b		b	b		b	b		
		c		c	c		c	c		c		c	c		ベクトルの類縁関係	
			d		d	d	d		d		d	d	d	d		
T	V	D	R	TV	TD	VD	E	VE	E	E	TV	E	E	E	処理の割付	

注）T：温度,V：種類,D：時期,R：反復,E：誤差

だすことができる．このようにして作られる15種類の列ベクトルは，相互に独立で，いずれの列ベクトルの間の内積も0となる．

まず，最初の列ベクトル①〜④に，それぞれ培養温度（T），切枝の種類（V），観察時期（D），反復（R）の4種の主効果を割り付ける．次に，列ベクトル⑤，⑥，⑧に，1次相互作用 TV，TD，VD を割り付け，列ベクトル⑪に2次交互作用 TVD を割り付け，残りの七つの列ベクトルを誤差（E）に割り当てた．この割付法では，反復の主効果は分離して評価しているが，反復と3種の処理の相互作用の全てを誤差とみなしている．

このような自由度の分割に基づいて分散分析を行った結果，表12.3の通りとなった．

この分散分析の結果，反復の違いによる差異が5％水準で，また，湿度×時期の相互作用分散が5％水準で有意であった．このことから，はじめの反復の方があとの反復よりも成長がよいこと，また，観測時期により培養温度の効果が異なることが明らかになった．

表12.3 リンゴの癒傷組織の成長に関する直交配列実験の分散分析（Mahter, 1951改変）

要因	偏差平方和	自由度	分散	F値
培養温度（T）	20.25	1	20.25	2.91
切枝の種類（V）	36.00	1	36.00	5.17
観察時期（D）	4.00	1	4.00	−
1次相互作用（TV）	16.00	1	16.00	2.30
（TD）	64.00	1	64.00	9.20*
（VD）	6.25	1	6.25	−
2次相互作（TVD）	12.25	1	12.25	1.76
反復（R）	56.25	1	56.25	8.08*
誤差（E）	48.75	7	6.96	
合計	263.75	15		

注）*5％水準で有意

5. 演習問題

スウィートクローバとレッドクローバの2種類の牧草を砂土と粘土の2種類の土壌に播種し，殺菌剤処理の効果を調べた 2^3 型直行配列実験のデータである．

直交配列表を使って偏差平方和を分割し，全ての相互作用の偏差平方和をプールして誤差とし，3種類（草種，土壌，処理）の主効果の有意性を検定せよ．また，三元配置実験から得られた3重分類データとみなして，分散分析を試みよ．

表12.4 クローバの発芽に及ぼす土壌と殺菌処理の効果
(Steel & Torrie, 1960, 一部修正利用)

牧草の種類 殺菌剤処理	土壌の種類		草種×処理 （土壌計）	処理 合計
	砂土	粘土		
レッドクローバ 無処理 処理	**289** **292**	**167** **203**	456 495	705 835
土壌×草種（処理計）	581	370	951（草種合計）	
スウィートクローバ 無処理 処理	**197** **219**	**52** **121**	249 340	
土壌×草種（処理計）	416	173	589（草種合計）	
土壌合計	997	543	1540（総合計）	

注）データ（太字）は，300粒を播種して発芽した個体数

第13章 3水準（3^n型）直交配列実験

　前章で述べた2^n型直交配列実験では，処理ごとに2水準を設定して，多種類の処理の主効果と処理間の相互作用効果の有無を調べた．これに対して，この章で取り扱う3^n型直交配列実験では，処理ごとに三つの水準を設定して，処理の効果の現れ方を調べる．すなわち，処理の効き方が1次直線的に増減するのか，または，2次曲線的に変化するのかを調べることができる．

　3^n型直交配列実験では，処理数をnとすると，3^n種類の試験区が必要になる．例えば，2種類の処理を3水準ずつ設けると，$3^2=9$，3種類の処理では，$3^3=27$の試験区が必要になる．したがって，処理が3種類以上になる実験で，全部の試験区を設けて完全実施しようとすると，試験区数が多くなり過ぎて精度の高い実験が困難になる．

　そこで，高次相互作用に相当する直交ベクトルを新たな主効果に割り当てて，直交配列実験を部分（不完全）実施したり，2水準処理と3水準処理を組合せた直交配列実験を計画したりして，試験区数を節減する場合もある．

　一つの処理に三つの水準を設定する3水準直交配列実験では，主効果ごとに二つの自由度が割りふられる．したがって，それらの二つの自由度に生物学的あるいは農業上の意味が持たせられるように，水準を設定することが効果的である．

　第1の例として，肥料や農薬の効果を調べる実験において，それらの濃度を変えて3水準を設定する場合を想定してみよう．窒素肥料の施肥効果を確かめる実験で，無施肥（N0），標準施肥（N1）区，倍量施肥（N2）の3水準を設ければ，これらの3水準に対応する二つの自由度を1づつの直交ベクトルに割り当てることができる．例えば，$(1, 0, -1)$と$(1, -2, 1)$という二つの行ベクトルを想定する．これらの二つの行ベクトルの内積は，$1\times1+0\times(-2)+(-1)\times1=0$となり，互いに直交することがわかる．無施肥区，標肥区，倍肥区のデータをそれぞれX_0，X_1，X_2とし，上記の二つの直交ベクトルを使って比較式を作ると，第1のベクトル$(1, 0, -1)$に対応させて$(X_2$

$-X_0$), 第2のベクトル (1, -2, 1) に対応して ($X_2 - 2X_1 + X_0$) という比較式を作ることができる. 前者は, 窒素肥料の施用の一次直線効果, すなわち, 施肥によるデータの直線的増加 (または減少) 傾向をあらわしている. また, 後者は, 二次曲線効果, すなわち, 曲線的増加 (あるいは減少) 傾向を示していると考えることができる. 一次直線効果は, 施肥量に比例して特性値 (例えば, 収量) が増加 (または, 減少) することをあらわし, 二次曲線効果は, 最大値 (あるいは最小値) をもつ変化をあらわしている.

第2の例として, 特定の遺伝子座の対立遺伝子の効果を調べる実験を想定してみよう. 3種類の遺伝子型 AA, Aa, aa の植物個体 (あるいは系統) の形質の変異を観察した実験において, それぞれの遺伝子型の個体 (または系統) の観測値を X_{AA}, X_{Aa}, X_{aa} とすると, これらの三つの観測値に対応する二つの自由度のうち, 一つを直交ベクトル (1, 0, -1) に割り付け, もう一つを (-1, 2, -1) に割り付けることができる. 前者から導かれる ($X_{AA} - X_{aa}$) という比較式は相加効果と呼ばれるもので, 対立遺伝子 a が A に変わることによって生ずる効果である. もう一方の直交ベクトルから導かれる比較式 (2Aa $-$ AA $-$ aa) は優性効果と呼ばれ, A 遺伝子の a 遺伝子に対する優性の程度を示している.

このように, 3水準の直交配列実験では, 三つの水準に対応する二つの自由度を生物学的, あるいは農業上の意味のある比較または分散に割り付けられるようにすることが重要である.

例1: ヤムイモのカルス誘導培養実験において, NAAと2, 4-Dとの2種類の植物ホルモンを 0, 10^{-4}, 10^{-2} の3段階濃度で全処理・水準組合せを設ける完全実施型の 3^2 型の直交配列実験

例2: 台湾イネの地方品種台中在来1号の半矮性遺伝子 $sd-1$ を, 日本品種農林29号の遺伝的背景に取り込んで育成した, 同質遺伝子系統 SC-TN1 とその反復親農林29号の交配により作成した +/+, +/$sd-1$, $sd-1/sd-1$ の三種類の遺伝子型イネの窒素肥料に対する反応を無肥 (0), 標肥 (1N), 多肥 (2N) の3施肥水準で調べる実験.

1. 直交ベクトルの作り方

　最も単純な2処理3水準の直交配列実験に利用できる直交ベクトルを考案してみよう．完全実施の場合，$3^2 = 9$試験区が必要である．したがって，$9 - 1 = 8$個の直交ベクトルを考えられる．このうち，四つの直交ベクトルが主効果に割り当てられる．処理Aと処理Bにそれぞれ二つの自由度が割りふられ，処理の主効果ごとに一次直線効果と二次曲線効果とに分けられ，それぞれ自由度1が割り当てられる．

　これらの4種の主効果に対応する直交行ベクトルは，次の通りとなる．

処理Aの一次直線効果a1：(1,　 1,　 1,　 0,　 0,　 0, −1, −1, −1)
処理Aの二次曲線効果a2：(1,　 1,　 1, −2, −2, −2,　 1,　 1,　 1)
処理Bの一次直線効果b1：(1,　 0, −1,　 1,　 0, −1,　 1,　 0, −1)
処理Bの二次曲線効果b2：(1, −2,　 1,　 1, −2,　 1,　 1, −2,　 1)

　これらの四つの行ベクトルは，次の特徴を備えている．
　1) それぞれのベクトルの要素の和は，0となる．
　2) いずれの二つのベクトルをとっても，それらの対応する要素をかけ合わせて加えた値（内積）は，0となり，互いに直交している．

　3^2型直交配列実験では，九つの試験区をセットとして実験を反復するか，あるいは，各試験区内に繰返しを設けるのがよい．処理が2種類しかないため，1次相互作用だけしか評価できない．

　処理が3種類以上（$n \geq 3$）となる3^n型の直交配列実験では，完全実施をしたり，反復や繰返しを設けると，実験規模が大きくなりすぎる．そこで，反復や繰返しを設けないうえに，2次以上の高次相互作用を犠牲にして部分実施としたり，それらを誤差として利用したりする．

2. 3^n直交配列表への主効果の割付と試験区の設定

　二つの処理の4種の主効果に関する直交ベクトルを使って作られる直交配列表と処理区の割付は，表13.1の通りに行うことができる．まず，この表にある直交する四つの列ベクトルは，上記の4種の行ベクトルを転置（横に並ん

だ要素を縦に並べ換えること) して作ることができる.

　これらの列ベクトルの間には, 表の下に示した通りの類縁関係がある. すなわち, 左から1番目と2番目のは, 処理Aの主効果に関する列ベクトルであり, 3番目と4番目は, 処理Bの主効果に関する列ベクトルである.

　まず, 試験区の設定の仕方について説明しよう. まず, 処理Aを1番目の列ベクトル, 処理Bを3番目の列ベクトルに割り当てる.

　そして, 1番目の列ベクトルの要素, 1, 0, −1に, A1, A2, A3の3水準をそれぞれ対応させ, 3番目の列ベクトルの要素, 1, 0, −1には, B1, B2, B3の各水準をそれぞれ対応させることにより, 9種類の試験区を設定することができる.

3. 自由度の分割と分散分析

　2処理3水準の3^2型直交配列実験では, 処理・水準についての9個のデータ (反復や繰返しのある場合には平均値) が得られ, 八つの自由度が割りふられる. これらの九つのデータを次のような構造と考える.

　2種類の処理 (例えば, 処理Aと処理Bとする) の主効果にそれぞれ2ずつの自由度, 合わせて4の自由度があてられる. また, 処理Aと処理Bの相互

表13.1　3^2直交配列表への主効果と処理区の割付

要素	直交列ベクトル				試験区	データ
	①	②	③	④		
1	1	−1	1	−1	A1B1	X_{11}
2	1	−1	0	2	A1B2	X_{12}
3	1	−1	−1	−1	A1B3	X_{13}
4	0	2	1	−1	A2B1	X_{21}
5	0	2	0	2	A2B2	X_{22}
6	0	2	−1	−1	A2B3	X_{23}
7	−1	−1	1	−1	A3B1	X_{31}
8	−1	−1	0	2	A3B2	X_{32}
9	−1	−1	−1	−1	A3B3	X_{33}
	$a1$				処理A一次 (直線) 効果	
		$a2$			処理A二次 (曲線) 効果	
			$b1$		処理B一次 (直線) 効果	
				$b2$	処理B二次 (曲線) 効果	
	A		B		処理の割付	

作用に $2 \times 2 = 4$ の自由度を割り当てることができる.

表13.1の直交配列表では,四つの直交列ベクトルにそれぞれの主効果を割り当てている.まず,列ベクトル①と②に処理Aの2種類の主効果を割り付け,列ベクトル③と④には,処理Bの2種類の主効果を割り付けている.これらの割付けでは,列ベクトル①と③が,処理Aと処理Bの一次直線効果,列ベクトル②と④が,それぞれの二次曲線効果をあらわしている.

処理Aの主効果の偏差平方和は,次のように分割できる.

$$\Sigma_i X_{i.}^2/3 - (\Sigma_i X_{i.})^2/9 = (X_{1.} - X_{3.})^2/6 + (-X_{1.} + 2X_{2.} - X_{3.})^2/18$$
$$(13-1)$$

この式の右辺の第1項は,一次直線効果をあらわし,表13.1の列ベクトル①に対応し,第2項は二次曲線効果を示し,列ベクトル②に対応している.これらのことは,次のように式を展開すると自明となる.

$(X_{1.} - X_{3.})^2/6 = (X_{11} + X_{12} + X_{13} - X_{31} - X_{32} - X_{33})/6$

$(-X_{1.} + 2X_{2.} - X_{3.})^2/18 = (-X_{11} - X_{12} - X_{13} + 2X_{21} + 2X_{22} + 2X_{23} - X_{31} - X_{32} - X_{33})/18$

上式の右辺の変数の係数をみると,データ(X_{11}, X_{12}, X_{13}, X_{21}, X_{22}, X_{23}, X_{31}, X_{32}, X_{33})に付いた係数をみると,1番目の式の右辺に対しては,行ベクトル $(1, 1, 1, 0, 0, 0, -1, -1, -1)$,2番目の式の右辺に対しては,行ベクトル $(-1, -1, -1, 2, 2, 2, -1, -1, -1)$ が対応している.

前者を転置(横から縦に並べ換えること)すると,表13.1の列ベクトル①となり,後者を転置すると列ベクトル②となる.これらの偏差平方和の除数は,各ベクトルの要素の平方和となっている.

例えば,2番目のベクトルの場合,$(-1)^2 + (-1)^2 + (-1)^2 + 2^2 + 2^2 + 2^2 + 1^2 + 1^2 + 1^2 = 18$ となる.

以上のことから,(13-1)式により,処理Aの主効果の偏差平方和が,表13.1の列ベクトル①と②に相当する一次直線効果と二次曲線効果に分割さ

れていることが分かる．つまり，処理 A の主効果の偏差平方和は，列ベクトル①と②と対応するデータの値との積和をそれぞれのベクトルの要素の平方和で割ればよいことが分かるであろう．

この原理に基づき，処理 B の主効果の偏差平方和を分割してみよう．まず，処理 B の一次直線効果と二次曲線効果の平方和は，表 13.1 の列ベクトル③と④の要素と対応するデータの積和をベクトル要素の平方和で割ると得られる．

処理 B の一次直線効果の偏差平方和（分散）：

$(X_{11} - X_{13} + X_{21} - X_{23} + X_{31} - X_{33})^2/6 = (X_{.1} - X_{.3})^2/6$

処理 B の二次曲線効果の偏差平方和（分散）：

$(-X_{11} + 2X_{12} - X_{13} - X_{21} + 2X_{22} - X_{23} - X_{31} + 2X_{32} - X_{33})^2/18 = (-X_{.1} + 2X_{.2} - X_{.3})^2/18$

これらの二つの平方和を加えると，処理 B の全偏差平方和となる．

$(X_{.1} - X_{.3})^2/6 + (-X_{.1} + 2X_{.2} - X_{.3})^2/18 = \Sigma_j X_{.j}^2/3 - (\Sigma_j X_{.j})^2/9$ となることは自明であろう．

2 処理 3 水準の 3^2 型直交配列実験のデータは，表 13.2 のように再整理することができる．処理 A と処理 B ともに，3 水準を設定しているため，それぞれの主効果は，自由度 2 をもつ．主効果を一次（直線）

表 13.2　3^n 型直交配列実験データ

処理 A ＼ 処理 B	B1	B2	B3	処理 A 計
A1	X_{11}	X_{12}	X_{13}	$X_{1.}$
A2	X_{21}	X_{22}	X_{23}	$X_{2.}$
A3	X_{31}	X_{32}	X_{33}	$X_{3.}$
処理 B 計	$X_{.1}$	$X_{.2}$	$X_{.3}$	$X_{..}$

効果と二次（曲線）効果に分割し，それぞれに自由度 1 を割り当てることができる．

一次（直線）効果とは，観測データの値を直線的に増加または減少させる処理水準の効果であり，処理の主効果の一つとなっている．もう一つの処理の主効果として，二次（曲線）効果があり，処理水準の変域内に最大値または最小値をもつ．一次効果と二次効果は，互いに独立に作用するためそれらの間に相互作用は働かず，それぞれを分離して評価することができる．処理の主効果の偏差平方和は，直交ベクトルを使って一次効果と二次効果による分散（自由度 1 のため，偏差平方和＝分散）に分割することができる．

4. 分析と検定の例

ニワトリの雛の体重の増加におよぼす飼料のタンパク質含量（因子 A）とエネルギー含量（因子 B）の影響を調べるため，それぞれの処理を 3 水準に変化させた．1 ケージに 5 羽ずつ 9 ケージに飼育し，3×3 処理水準を 9 ケージにランダムに割り当てて実験を行った．その結果，表 13.4 の通りのデータを得た．

このデータは，3^2 型直交配列実験によるものとみなして表 13.3 により分散分析を行う．まず，全偏差平方和（SST），タンパク質（因子 A）の効果（SSA）ならびにエネルギー（因子 B）の影響（SSB）による偏差平方和を計算する．また，全偏差平方和から，タンパク質ならびにエネルギーの主効果を差し引いて誤差の偏差平方和を求める．さらに，タンパク質ならびにエネルギーの主効果（自由度 2）は，一次直線効果（自由度 1）と二次曲線効果（自由度 1）とに分割することができる．

$$SST = 14^2 + 17^2 + \cdots + 35^2 + 32^2 - 331^2/9 = 16215 - 12173 = 4042$$
$$SSA = (32^2 + 170^2 + 129^2)/3 - 331^2/9 = 15521 - 12173 = 3348$$
$$SSA1 = (32 - 129)^2/6 = 1568$$
$$SSA2 = (-32 + 2 \times 170 - 129)^2/18 = 1780$$

表 13.3 3^2 型直交配列実験の分散分析（反復・繰返し無）

要因	自由度	偏差平方和	分散
処理 A	2	$SSA = \Sigma_i X_{i\cdot}^2/3 - (X_{\cdot\cdot})^2/9$	
一次効果	1	$SSA1 = (X_{1\cdot} - X_{3\cdot})^2/6$	$VA1 = SSA1$
二次効果	1	$SSA2 = (-X_{1\cdot} + 2X_{2\cdot} - X_{3\cdot})^2/18$	$VA2 = SSA2$
処理 B	2	$SSB = \Sigma_j X_{\cdot j}^2/3 - (X_{\cdot\cdot})^2/9$	
一次効果	1	$SSB1 = (X_{\cdot 1} - X_{\cdot 3})/6$	$VB1 = SSB1$
二次効果	1	$SSB2 = (-X_{\cdot 1} + 2X_{\cdot 2} - X_{\cdot 3})/18$	$VB2 = SSB2$
誤差 (A×B)	4	$SSE = SST - SSA - AAB$	$VE = SSE/4$
合計	8	$SST = \Sigma_{ij} X_{ij}^2 - X_{\cdot\cdot}^2/9$	

$SSB = (134^2 + 108^2 + 89^2)3 - 331^2/9 = 12514 - 12173 = 341$
$SSB1 = (134 - 89)^2/6 = 338$
$SSB2 = (-134 + 2 \times 108 - 89)^2/18 = 3$
$SSE = SST - SSA - SSB = 352$

これらの計算結果をもとに分散分析を行うと，表13.5の通りとなる．

この分散分析によれば，ニワトリの雛の体重増加に対する飼料のタンパク質含量の効果は1％水準で有意であり，一次（直線）効果と二次（曲線）効果とも5％水準で有意となった．このことから，飼料中のタンパク質の含量が多いと雛の生育を促すが，あまり多すぎると体重の増加が鈍ることが分かった．

一方，飼料中のエネルギーの含量は，明確な効果はあらわさなかった．

表13.4 飼料のタンパク質含量（因子A）とエネルギー含量（因子B）がニワトリの生育に与える効果（奥野・芳賀，1969）

因子A＼因子B	B1	B2	B3	A合計
A1	14	17	1	32
A2	58	56	56	170
A3	62	35	32	129
B合計	134	108	89	331

注）データ＝（増体重－300）g

表13.5 ニワトリの栄養実験の分散分析結果

要因	自由度	偏差平方和	分散	F値
タンパク質含量	2	SSA = 3348	VA = 1674	19.0**
一次効果	1	SSA1 = 1568	VA1 = 1568	17.8*
二次効果	1	SSA2 = 1780	VA2 = 1780	20.2*
エネルギー含量	2	SSB = 341	VB = 171	1.9
一次効果	1	SSB1 = 338	VB1 = 338	3.8
二次効果	1	SSB2 = 3	VB2 = 3	---
誤差（A×B）	4	SSE = 353	VE = 88	
合計	8	SST = 4042		

5. 演習問題

　植物ホルモンの1種でなるアブシジン酸がヤムイモの塊茎肥大におよぼす効果を調べる実験を行った．処理時期を塊茎肥大開始以前（以前），塊茎肥大初期（初期），塊茎肥大中期（中期）の3水準とし，処理濃度を1，10，100ppmの3水準とした．全処理水準とも，成熟期に3株ずつの塊茎重を測定し，その平均値（g）を求めた結果，次の表のようなデータが得られた．

　このデータを3^2型直交配列実験で得られたものとみなして，分散分析を行い処理ごとの一次（直線）効果と二次（曲線）効果を評価して，考察を加えよ．

表13.6　ヤムイモの塊茎肥大におよぼすアブシジン酸散布の効果（高井ら，未発表）

処理時期＼処理濃度	1ppm	10ppm	100ppm
肥大以前	931	1391	1176
肥大初期	1253	1419	1777
肥大中期	1080	1047	1323

補章　ベクトルと行列

1. 集合と元の法則

　集合とは物の集まりをいう．ある条件の満たすxの集合を $\{x \mid x$の条件$\}$ と書きあらわす．例えば，イネの品種の集合を考え，もち品種の集合は，$\{$イネ品種 $\mid$ もち性$\}$ であらわす．また，実数の集合の中の整数の集合は，$\{$実数 $\mid$ 整数$\}$ とする．集合の例としては，実数の集合（R）がよくあげられ，直線上の点の集合として理解するとよい．したがって，実数は大きさだけをもつスカラーである．

　実数の集合は，一次直線上の点の集合と考えることができる．この集合の構成要素（実数値）を元と名付ける．一次元直線上の点集合の元の間では，次の法則が成立する．なお，元（実数値）の結合（現実には＋や×のこと）を＊であらわす．

①実数集合の任意の元を結合して得られる元は，実数集合に属する．
　$\alpha * \beta = \gamma$ （結合の定義）
②任意の元に結合すると，もとの元となる特定の元が存在する．
　$\alpha * \varepsilon = \alpha$ （単位元 ε の存在）
実際の実数演算では加算の場合は 0，積算の場合は 1 が単位元となる．
③任意の元に結合すると，単位元となる特定の元が存在する．
　$\alpha * \alpha^{-1} = \varepsilon$ （逆元 α^{-1} の存在）
実数の演算では，加算の場合は $-\alpha$，積算の場合は $1/\alpha$ が逆元となる．
そのほか，実数集合の元の間には，次の関係が成り立つ．
④ $\alpha * \beta = \beta * \alpha$ （交換則の成立）
⑤ $(\alpha * \beta) * \gamma = \alpha * (\beta * \gamma)$ （結合則の成立）

2．ベクトルとその集合

　実数のような大きさだけをもつスカラーに対して，大きさと方向をもつ量をベクトルと呼ぶ．ベクトルは，2次元以上の空間の点と考えることができる．n次元ベクトルは，n個の数字の組であらわすことができる．横に数字を並べた形を行ベクトル，縦に並べた形を列ベクトルと呼ぶ．本書では，ベクトルをゴシック体の英小文字であらわし，n個の要素をもつ行ベクトルaは，$[a_1, \ a_2, \ \cdots, \ a_n]$と書き，$n$次元列ベクトルは，$n$個の要素を縦に並べて，次のように書きあらわす．

$$b = \begin{bmatrix} b_1 \\ b_2 \\ . \\ . \\ b_n \end{bmatrix}$$

　しかし，本書では，便宜的に列ベクトルを行ベクトルの左肩に転置の意味のtを添えて，${}^t b = {}^t [b_1, \ b_2, \ \cdots, \ b_n]$のように書きあらわすこととする．

　2次元ベクトルは，二つの数字の組であらわし，行ベクトル$[1, 3]$と$[3, 1]$は，補図1のように，X軸とY軸が作る2次元平面上の点としてあらわすことができる．また，原点$[0, 0]$から，それぞれの点に向けた矢印として，ベクトルを表示することもできる．その場合，ベクトルを示す矢印のX軸（またはY軸）との角度が方向，矢印の長さが大きさをあらわすことになる．3次元ベクトルは，三つの数値の組で3次元空間上の点であらわされ，原点とその点を結ぶ矢印がベクトルの方向と大きさを示す．同様にして，n次元ベクトル

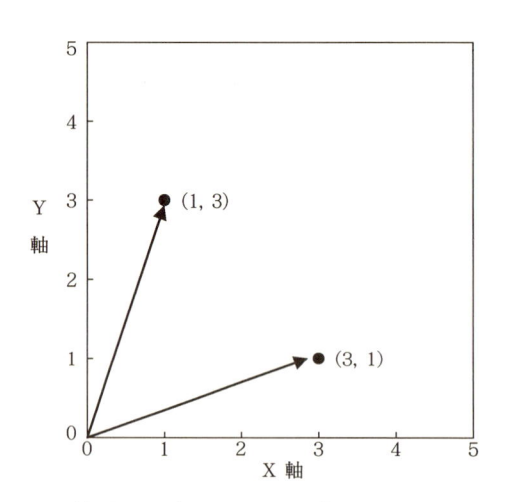

補図1　2次元ベクトルの表示の仕方

は，n個の数値の組として，また，n次元空間上の点としてあらわされ，原点からその点にいたる矢印として表現できる．

スカラーの実数の集合を1次直線上の点の集合と考えたように，2次元ベクトルの集合は，2次元平面上の点の集合，3次元ベクトルの集合は，3次元空間上の点の集合とみなし，さらに，n次元ベクトルの集合は，n次元空間上の点集合と考えることができる．

スカラーとベクトルとの区別は便宜的ともいえる．スカラーは，1次空間（直線）上の点の集合，2次元ベクトルは，2次元空間（平面）上の点，3次元（または，それ以上の多次元）ベクトルは，3次元（多次元）空間上の点の集合と考えることができる．こうした意味で，スカラーとベクトルとの間には，本質的な違いがあるわけではない．スカラー（例えば実数）自身も，原点を中心にして＋と－の方向性をもっていると考えることもできる．

3．ベクトルの演算

n次元ベクトル集合は，n次元空間上の点の集合と考えると，その集合の元の間には，次の関係が成立する．

① ベクトルの和：$\boldsymbol{a}+\boldsymbol{b}$

$\boldsymbol{a}+\boldsymbol{b} = [a_1,\ a_2,\ \cdots,\ a_n] + [b_1,\ b_2,\ \cdots,\ bn]$
$\qquad = [a_1+b_1,\ a_2+b_2,\ \cdots,\ a_n+bn]$

ベクトルの和に関しては，次の関係が成り立つ．

$\boldsymbol{a}+\boldsymbol{o} = \boldsymbol{a}$（単位元 $[0,\ 0,\ \cdots,\ 0]$ の存在）

$\boldsymbol{a}+(-\boldsymbol{a}) = \boldsymbol{o}$（逆元 $[-a_1,\ -a_2,\ \cdots,\ -a_n]$ の存在）

$\boldsymbol{a}+\boldsymbol{b} = \boldsymbol{b}+\boldsymbol{a}$（交換則の成立）

$(\boldsymbol{a}+\boldsymbol{b})+\boldsymbol{c} = \boldsymbol{a}+(\boldsymbol{b}+\boldsymbol{c})$（結合測の成立）

② ベクトルの内積：$\boldsymbol{a}\cdot\boldsymbol{b}$

$\boldsymbol{a}\cdot\boldsymbol{b} = [a_1,\ a_2,\ \cdots,\ a_n]\cdot[b_1,\ b_2,\ \cdots,\ bn] = a_1b_1+a_2b_2+\cdots+a_nb_n$

内積が0となる（$\boldsymbol{a}\cdot\boldsymbol{b}=0$）となるベクトル$\boldsymbol{a}$と$\boldsymbol{b}$は，直交ベクトルである．直交ベクトルの間の角度は直角となる．例えば，2次元ベクトル$\boldsymbol{a}=[5,\ 0]$と$\boldsymbol{b}=[0,\ 3]$は，直交ベクトルである．直角に交わるX軸とY軸が作る平面上

において，aは，X軸上の大きさが5のベクトルであり，bは，Y軸上の大きさが3のベクトルである．ちなみに，$a \cdot b = 5 \times 0 + 0 \times 3 = 0$となる．

③ **スカラー積**：λa

$\lambda a = \lambda [a_1, a_2, \cdots, a_n] = [\lambda a_1, \lambda a_2, \cdots, \lambda a_n]$

$\lambda a = a$となるスカラーの単位元（$\lambda = 1$）は存在するが，単位元となるベクトルも逆元となるベクトルも存在しないが交換則は成立する．また，スカラー積には，実数の加算と乗算の場合と同様に，次の分配則が成立する．

$(\alpha + \beta) a = \alpha a + \beta a$

$\alpha (a + b) = \alpha a + \alpha b$

4．ベクトルの一次（線形）結合

ベクトル集合のm個のベクトルのスカラー積を加えたものをベクトルの一次結合または線形結合といい，同じベクトル集合の元となる．例えば，m個のn次元ベクトル$a_1, a_2, \cdots, a_m$とすると，$\lambda_1 a_1 + \lambda_2 a_2 + \cdots \lambda_m a_m = b$は，同じベクトル空間の元となる．$b$は$a_1, a_2, \cdots a_m$の一次（線形）結合と言われる．

5．行列の演算

n次元の列ベクトルをm個横に配列したものを$n \times m$の行列といい，ゴシックの英大文字を用いて，$A(n \times m)$と書くが，通常$(n \times m)$は省略し，次のように書きあらわす．なお，横の並びの「行」，縦の並びを「列」と呼ぶ．

$$A = \begin{bmatrix} a_{11} & a_{12} & \cdots & a_{1j} & \cdots & a_{1m} \\ a_{21} & a_{22} & \cdots & a_{2j} & \cdots & a_{2m} \\ \cdot & \cdot & & \cdot & & \cdot \\ \cdot & \cdot & & \cdot & & \cdot \\ a_{i1} & a_{i2} & \cdots & a_{ij} & \cdots & a_{im} \\ \cdot & \cdot & & \cdot & & \cdot \\ \cdot & \cdot & & \cdot & & \cdot \\ a_{n1} & a_{n2} & \cdots & a_{nj} & \cdots & a_{nm} \end{bmatrix} = [a_1, a_2, \cdots a_m]$$

a_{ij}を行列Aのi行j列の要素という．また，n次元列ベクトルがm個横に並

んでいると見て，$[a_1, a_2, \cdots a_m]$ と書きあらわすこともできる．

このように定義した行列には，次の関係が成り立つ．

① **行列の和**：$A + B = C$

行列の和は，A と B の行列が同じ次元（行の数も列の数も同一）をもつ時に定義され，対応する要素を加えて和となる行列 C の対応要素とする．すなわち，全ての要素について，$a_{ij} + b_{ij} = c_{ij}$ となる．行列の和に関しては，次の関係が成立する．

単位元が存在する………$A + O = A$（単位元は，全ての要素が0の O 零行列）
逆元が存在する………$A + A^{-1} = O$（逆元は，全要素に－符号を付けた負行列）
交換則が成立する………$A + B = B + A$
結合則が成立する………$(A + B) + C = A + (B + C)$

② **行列の積**：$A \cdot B = C$

行列の積は，左側の行列 A の列数と右側の行列 B の行数が一致する時にだけ定義できる．左側の行列 A の i 番目の行ベクトルの対応要素を右側の行列 B の j 番目の列ベクトルの対応要素との内積が行列 C の i 行 j 列の要素（c_{ij}）となる．

行列の積に関しては，次の関係が成立する．

単位元の存在………$AE = EA = A$（単位行列：E は，左上から右下にわたる対角要素が1で，ほかの全ての要素が0の行列）
逆元の存在………$AA^{-1} = A^{-1}A = E$（逆行列：A^{-1} は行数と列数の等しい正方行列の一部にしか存在しない）
結合則の成立………$(AB)C = A(BC)$
分配則の成立………$A(B + C) = AB + AC$
$(A + B)C = AC + BC$

なお，交換則は原則として成立しない．ただし，単位行列あるいは逆行列とほかの行列のと積に関してのみ例外的に成立する．

③ **スカラー積**：αA

αA は，行列 A の全ての要素にスカラー α を乗じたものである．スカラー積には，次の関係が成立する．

$1A = A1 = A$ ………スカラー単位元が存在する.
$(\alpha\beta)A = \alpha(\beta A)$ ………スカラーに関して結合則が成り立つ.
さらに, 次の2種類の分配則が成立する.
$(\alpha + \beta)A = \alpha A + \beta A$
$\alpha(A + B) = \alpha A + \alpha B$

6. 行列式の定義と意味

　行列式は, 行と列の数が同一の正方行列に関してのみ定義できる. 行列式は, $|A|$ あるいは $\det A$ であらわす. 行列式の定義は複雑で難しいので, 線形代数の専門書に詳しい説明はゆずるとして, ここでは, 行列式の性質, 展開, 計算法に重点をおいて解説する.

　正方行列 A は, n 次元の行 (または列) ベクトルが n 個上下 (または左右) に並んだものと見ることができる. これらの n 個のベクトルが互いに独立 (いずれのベクトルもほかのベクトルの1次結合とはならないこと) であるかどうかを確かめるのに有効である. $|A| \neq 0$ であれば, 全てのベクトルは互いに独立であることになる. 逆に, $|A| = 0$ であれば, n 個のベクトルが全部独立ではなく, いずれかのベクトルがほかのベクトルの1次結合となっていることになる. 比喩的に表現すると, ベクトルは他人ばかりでなく近親者が入り込んでいると判断される. この場合には, 逆行列が存在せずそれを求めることができない.

　このように, 行列式はその行列に含まれるベクトルの独立性を調べるのに有効であり, 独立でないベクトルが含まれていると, $|A| = 0$ となり, 逆行列が存在しないことになる.

7. 行列式の基本的性質

　①行と列を入れ換えても, 行列式は変わらない. $|{}^tA| = |A|$
　②行列式のある行 (または列) に全ての成分に共通な因数は, 行列式の外にくくり出せる.
　③ある行 (または列) の全ての成分が2数の和としてあらわされている行列

式は，その和の各項をその行の成分としてもつ二つの行列式の和に等しい．

④ある2行（または列）を入れ換えると，行列式の符号が変わる．

⑤ $|AB| = |A||B|$

⑥ A は n 次正方行列，E を n 次の単位行列，A^{-1} を A の逆行列とすると，$|A||A^{-1}| = |AA^{-1}| = |E| = 1$，故に $|A^{-1}| = |A|^{-1}$

8．行列式の展開と値の求め方

n 次の正方行列から，i 行と j 列を取り除いて得られる $n-1$ 次の正方行列を A_{ij} と書き，その行列式 $|A_{ij}|$ を小行列式という．この小行列式に $(-1)^{i+j}$ を乗じたものを，行列 A の i 行，j 列要素 a_{ij} の余因子といい，A_{ij} であらわす．余因子を使って，次のように正方行列式を i 行（または，j 列）に関して，展開することができる．

$|A| = a_{i1}A_{i1} + a_{i2}A_{i2} + \cdots\cdots + a_{in}A_{in}$ （i 行展開）

$\quad\ \ = a_{1j}A_{1j} + a_{2j}A_{2j} + \cdots\cdots + a_{nj}A_{nj}$ （j 列展開）

例えば，3次正方行列は，次のように展開して，その値を計算できる．

$$\begin{vmatrix} a_{11} & a_{12} & a_{13} \\ a_{21} & a_{22} & a_{23} \\ a_{31} & a_{32} & a_{33} \end{vmatrix} = a_{11}\begin{vmatrix} a_{22} & a_{23} \\ a_{32} & a_{33} \end{vmatrix} - a_{12}\begin{vmatrix} a_{21} & a_{23} \\ a_{31} & a_{33} \end{vmatrix} + a_{13}\begin{vmatrix} a_{21} & a_{22} \\ a_{31} & a_{32} \end{vmatrix}$$

$= a_{11}a_{22}a_{33} - a_{11}a_{23}a_{32} - a_{12}a_{21}a_{33} + a_{12}a_{23}a_{31} + a_{13}a_{21}a_{32} - a_{13}a_{22}a_{31}$

9．逆行列とその性質

n 次の正方行列 A に関して，$AB = BA = E$（E は単位行列）を満たす n 次正方行列 B が存在するとき，行列 A は正則であるという．正方行列 A が正則である為の必要十分条件は $|A| \neq 0$ であり，その時，B が A の逆行列（A^{-1}）となる．

ところで，正方行列 A の a_{ij} 要素の代わりに，その余因子 A_{ij} を要素とする行列を転置（行と列とを入れ換え）すると，余因子行列（A^*）が得られる．正則行列の逆行列は，余因子行列を行列式で割ったものである．

$A^{-1} = A^*/|A|$ から，$AA^{-1} = AA^*/|A|$ となり，

$AA^* = A^*A = |A|E$ となる.

こうして求められる逆行列には，次の性質がある.

① $|A^{-1}| = |A|^{-1}$
② $(AB)^{-1} = B^{-1}A^{-1}$
③ $(A^{-1})^{-1} = A$

10．連立1次方程式の解法

n 個の独立な式からなる連立1次方程式は，行列演算により一気に解を見い出すことができる．

$$
\begin{aligned}
Y_1 &= a_{11}X_1 + a_{12}X_2 + \cdots + a_{1n}X_n \\
Y_2 &= a_{21}X_1 + a_{22}X_2 + \cdots + a_{2n}X_n \\
&\vdots \\
Y_n &= a_{n1}X_1 + a_{n2}X_2 + \cdots + a_{nn}X_n
\end{aligned}
\quad\Rightarrow\quad
\begin{bmatrix} Y_1 \\ Y_2 \\ \vdots \\ Y_n \end{bmatrix}
=
\begin{bmatrix} a_{11} & a_{12} & \cdots & a_{1n} \\ a_{21} & a_{22} & \cdots & a_{2n} \\ \vdots & \vdots & & \vdots \\ a_{n1} & a_{n2} & \cdots & a_{nn} \end{bmatrix}
\begin{bmatrix} X_1 \\ X_2 \\ \vdots \\ X_n \end{bmatrix}
$$

上記右側の式を，$y = Ax$ と表現できる．

ただし，y は n 次元列ベクトル，A は n 次正方行列，x は n 次元列ベクトルを示す．

この式から，変数 Y のベクトル y は，変数 X のベクトル x が行列 A によって1次変換された結果と見ることができる．すなわち，行列 A はベクトル x をベクトル y に1次変換する関数とみることもできる．

そこで，$y = Ax$ を一挙に解くには，両辺に A の逆行列 A^{-1} を乗じて，

$A^{-1}y = A^{-1}Ax = Ex = x$ となる．

∴ $x = A^{-1}y = A^*y / |A|$

11. 固有値問題

多変量解析の一つである主成分分析などで遭遇するのが固有値問題である．固有値問題とは，$Ax = \lambda x$ を解いて，固有値 λ と固有ベクトル x とを求めることである．この式を変形して，$Ax - \lambda x = E(A - \lambda) x = (AE - \lambda E) x = (A - \lambda E) x = O$ となる．

$(A - \lambda E) x = O$ が自明でない解 ($x \neq o$) をもつための必要十分条件は，$|A - \lambda E| = 0$ である．そこで，固有方程式 $|A - \lambda E| = 0$ を解くと，n 個の固有値 $\lambda_1, \lambda_2, \cdots \lambda_n$ が得られる．実数を要素とする対称行列 ($a_{ij} = a_{ji}$，主成分分析などに用いられる相関係数行列などは典型的な対称行列) の固有値は実数となることが知られている．

そこで，固有方程式を解いて得られる固有値 λ_i を固有方程式に代入すると，固有ベクトル x_i が得られる．この列固有ベクトルから構成される n 次の正方行列 $[x_1, x_2, \cdots, x_n]$ を X とすると，次の関係が成り立つ．

$AX = X\Lambda$ (Λ：対角行列)

左から X^{-1} をかけると，

$X^{-1}AX = X^{-1}X\Lambda$ から $X^{-1}AX = \Lambda$ となり，行列 A を対角行列に変換することができる．これが，固有値 λ_i を対角要素とする対角行列である．

また，右から X^{-1} をかけると，

$AXX^{-1} = X\Lambda X^{-1}$ となり，さらに，$A = X\Lambda X^{-1}$ となる．

A が対称行列 ($A = {}^tA$) であると，
(1) 実数要素の対称行列の固有値は実数である．
(2) 異なる固有値に属する固有ベクトルは直交する．

X が直交行列であると，逆行列が転置行列に等しくなる ($X^{-1} = {}^tX$)．

付表 1 乱数表 (Steel & Torrie, 1960)

	00-04	05-09	10-14	15-19	20-24	25-29	30-34	35-39	40-44	45-49
00	88758	66605	33843	43623	62774	25517	09560	41880	85126	60755
01	35661	42832	16240	77410	20686	26656	59698	86241	13152	49187
02	26335	03771	46115	88133	40721	06787	95962	60841	91788	86386
03	60826	74718	56527	29508	91975	13695	25215	72237	06337	73439
04	95044	99896	13763	31764	93970	60987	14692	71039	34165	21297
05	83746	47694	06143	42741	38338	97694	69300	99864	19641	15083
06	27998	42562	63402	10056	81668	48744	08400	83124	19896	18805
07	82685	32323	74625	14510	85927	28017	80588	14756	54937	76379
08	18386	13862	10988	04197	18770	72757	71418	81133	69503	44037
09	21717	13141	22707	68165	58440	19187	08421	23872	03036	34208
10	18446	83052	31842	08634	11887	86070	08464	20565	74390	36541
11	66027	75177	47398	66423	70160	16232	67343	36205	50036	59411
12	51420	96779	54309	87456	78967	79638	68869	49062	02196	55109
13	27045	62626	73159	91149	96509	44204	92237	29969	49315	11804
14	13094	17725	14103	00067	68843	63565	93578	24756	10814	15185
15	92382	62518	17752	53163	63852	44840	02592	88572	03107	90169
16	16215	50809	49326	77232	90155	69955	93892	70445	00906	57002
17	09342	14528	64727	71403	84156	34083	35613	35670	10549	07468
18	38148	79001	03509	79424	39625	73315	18811	86230	99682	82896
19	23689	19997	72382	15247	80205	58090	43804	94548	82693	22799
20	25407	37726	73099	51057	68733	75768	77991	72641	95386	70138
21	25349	69456	19693	85568	93876	18661	69018	10332	83137	88257
22	02322	77491	56095	03055	37738	18216	81781	32245	84081	18436
23	15072	33261	99219	43307	39239	79712	94753	41450	30944	53912
24	27002	31036	85278	74547	84809	36252	09373	69471	15606	77209
25	66181	83316	40386	54316	29505	86032	34563	93204	72973	90760
26	09779	01822	45537	13128	51128	82703	75350	25179	86104	40638
27	10791	07706	87481	26107	24857	27805	42710	63471	08804	23455
28	74833	55767	31312	76611	67389	04691	39687	13596	88730	86850
29	17583	24038	83701	28570	63561	00098	60784	76098	84217	34997
30	45601	46977	39325	09286	41133	34031	94867	11849	75171	57682
31	60683	33112	65995	64203	18070	65437	13624	90896	80945	71987
32	29956	81169	18877	15296	94368	16317	34239	03643	66081	12242
33	91713	84235	75296	69875	82414	05197	66596	13083	46278	73498
34	85704	86588	82837	67822	95963	83021	90732	32661	64751	83903
35	17921	26111	35373	86494	48266	01888	65735	05315	79328	13387
36	13929	71341	80488	89827	48277	07229	71953	16128	65074	28782
37	03248	18880	21667	01311	61806	80201	47889	83052	31029	06023
38	50583	17972	12690	00452	93766	16414	01212	27964	02766	28786
39	10636	46975	09449	45986	34672	46916	63881	83117	53947	95218
40	43896	41278	42205	10425	66560	59967	90139	73563	29875	79033
41	76714	80963	74907	16890	15492	27489	06067	22287	19760	13056
42	22393	46719	02083	62428	45177	57562	49243	31748	64278	05731
43	70942	92042	22776	47761	13503	16037	30875	80754	47491	96012
44	92011	60326	86346	26738	01983	04186	41388	03848	78354	14964
45	66456	00126	45685	67607	70796	04889	98128	13599	93710	23974
46	96292	44348	20898	02227	76512	53185	03057	61375	10760	26889
47	19680	07146	53951	10935	23333	76233	13706	20502	60405	09745
48	67347	51442	24536	60151	05498	64678	87569	65066	17790	55413
49	95888	59255	06898	99137	50871	81265	42223	83303	48694	81953

付表 1 – 1

	50-54	55-59	60-64	65-69	70-74	75-79	80-84	85-89	90-94	95-99
00	70896	44520	64720	49898	78088	76740	47460	83150	78905	59870
01	56809	42909	25853	47624	29486	14196	75841	00393	42390	24847
02	66109	84775	07515	49949	61482	91836	48126	80778	21302	24975
03	18071	36263	14053	52526	44347	04923	68100	57805	19521	15345
04	98732	15120	91754	12657	74675	78500	01247	49719	47635	55514
05	36075	83967	22268	77971	31169	68584	21336	72541	66959	39708
06	04110	45061	78062	18911	27855	09419	56459	00695	70323	04538
07	75658	58509	24479	10202	13150	95946	55087	38398	18718	95561
08	87403	19142	27208	35149	34889	27003	14181	44813	17784	41036
09	00005	52142	65021	64438	69610	12154	98422	65320	79996	01935
10	43674	47103	48614	70823	78252	82403	93424	05236	54588	27757
11	68597	68874	35567	98463	99671	05634	81533	47406	17228	44455
12	91874	70208	06308	40719	02772	69589	79936	07514	44950	35190
13	73854	19470	53014	29375	62256	77488	74388	53949	49607	19816
14	65926	34117	55344	68155	38099	56009	03513	05926	35584	42328
15	40005	35246	49440	40295	44390	83043	26090	80201	02934	49260
16	46686	29890	14821	69783	34733	11803	64845	32065	14527	38702
17	02717	61518	39583	72863	50707	96115	07416	05041	36756	61065
18	17048	22281	35573	28944	96889	51823	57268	03866	27658	91950
19	75304	53248	42151	93928	17343	88322	28683	11252	10355	65175
20	97844	62947	62230	30500	92816	85232	27222	91701	11057	83257
21	07611	71163	82212	20653	21499	51496	40715	78952	33029	64207
22	47744	04603	44522	62783	39347	72310	41460	31052	40814	94297
23	54293	43576	88116	67416	34908	53238	40561	73940	56850	31078
24	67556	93979	73363	00300	11217	74405	18937	79000	68834	48307
25	86581	73041	95809	73986	49408	53316	90841	73808	53421	82315
26	28020	86282	83365	76600	11261	74354	20968	60770	12141	09539
27	42578	32471	37840	30872	75074	79027	57813	62831	54715	26693
28	47290	15997	86163	10571	81911	92124	92971	80860	41012	58666
29	24856	63911	13221	77028	06573	33667	30732	47280	12926	67276
30	16352	24836	60799	76281	83402	44709	78930	82969	84468	36910
31	89060	79852	97854	28324	39638	86936	06702	74304	39873	19496
32	07637	30412	04921	26471	09605	07355	20466	49793	40539	21077
33	37711	47786	37468	31963	16908	50283	80884	08252	72655	58926
34	82994	53232	58202	73318	62471	49650	15888	73370	98748	69181
35	31722	67288	12110	04776	15168	68862	92347	90789	66961	04162
36	93819	78050	19364	38037	25706	90879	05215	00260	14426	88207
37	65557	24496	04713	23688	26623	41356	47049	60676	72236	01214
38	88001	91382	05129	36041	10257	55558	89979	58061	28957	10701
39	96648	70303	18191	62404	26558	92804	15415	02865	52449	78509
40	04118	51573	59356	02426	35010	37104	98316	44602	96478	08433
41	19317	27753	39431	26996	04465	69695	61374	06317	42225	62025
42	37182	91221	17307	68507	85725	81898	22588	22241	80337	89033
43	82990	03607	29560	60413	59743	75000	03806	13741	79671	25416
44	97294	21991	11217	98087	79124	52275	31088	32085	23089	21498
45	86771	69504	13345	42544	59616	07867	78717	82840	74669	21515
46	26046	55559	12200	95106	56496	76662	44880	89457	84209	01332
47	39689	05999	92290	79024	70271	93352	90272	94495	26842	54477
48	83265	89573	01437	43786	52986	49041	17952	35035	88985	84671
49	15128	35791	11296	45319	06330	82027	90808	54351	43091	30387

付表 1-2

	00-04	05-09	10-14	15-19	20-24	25-29	30-34	35-39	40-44	45-49
50	54441	64681	93190	00993	62130	44484	46293	60717	50239	76319
51	08573	52937	84274	95106	89117	65849	41356	65549	78787	50442
52	81067	68052	14270	19718	88499	63303	13533	91882	51136	60828
53	39737	58891	75278	98046	52284	40164	72442	77824	72900	14886
54	34958	76090	08827	61623	31114	86952	83645	91786	29633	78294
55	61417	72424	92626	71952	69709	81259	58472	43409	84454	88648
56	99187	14149	57474	32268	85424	90378	34682	47606	89295	02420
57	13130	13064	36485	48133	35319	05720	76317	70953	50823	06793
58	65563	11831	82402	46929	91446	72037	17205	89600	59084	55718
59	28737	49502	06060	52100	43704	50839	22538	56768	83467	19313
60	50353	74022	59767	49927	45882	74099	18758	57510	58560	07050
61	65208	96466	29917	22862	69972	35178	32911	08172	06277	62795
62	21323	38148	26696	81741	25131	20087	67452	19670	35898	50636
63	67875	29831	59330	46570	69768	36671	01031	95995	68417	68665
64	82631	26260	86554	31881	70512	37899	38851	40568	54284	24056
65	91989	39633	59039	12526	37730	68848	71399	28513	69018	10289
66	12950	31418	93425	69756	34036	55097	97241	92480	49745	42461
67	00328	27427	95474	97217	05034	26676	49629	13594	50525	13485
68	63986	16698	82804	04524	39919	32381	67488	05223	89537	59490
69	55775	75005	57912	20977	35722	51931	89565	77579	93085	06467
70	24761	56877	56357	78809	40748	69727	56652	12462	40528	75269
71	43820	80926	26795	57553	28319	25376	51795	26123	51102	89853
72	66669	02880	02987	33615	54206	20013	75872	88678	17726	60640
73	49944	66725	19779	50416	42800	71733	82052	28504	15593	51799
74	71003	87598	61296	95019	21568	86134	66096	65403	47166	78638
75	52715	04593	69484	93411	38046	13000	04293	60830	03914	75357
76	21998	31729	89963	11573	49442	69467	40265	56066	36024	25705
77	58970	96827	18377	31564	23555	86338	79250	43168	96929	97732
78	67592	59149	42554	42719	13553	48560	81167	10747	92552	19867
79	18298	18429	09357	96436	11237	88039	81020	00428	75731	37779
80	88420	28841	42628	84647	59024	52032	31251	72017	43875	48320
81	07627	88424	23381	29680	14027	75905	27037	22113	77873	78711
82	37917	93581	04979	21041	95252	62450	05937	81670	44894	47262
83	14783	95119	68464	08726	74818	91700	05961	23554	74649	50540
84	05378	32640	64562	15303	13168	23189	88198	63617	58566	56047
85	19640	96709	22047	07825	40583	99500	39989	96593	32254	37158
86	20514	11081	51131	56469	33947	77703	35679	45774	06776	67062
87	96763	56249	81243	62416	84451	14696	38195	70435	45948	67690
88	49439	61075	31558	59740	52759	55323	95226	01385	20158	54054
89	16294	50548	71317	32168	86071	47314	65393	56367	46910	51269
90	31381	94301	79273	32843	05862	36211	93960	00671	67631	23952
91	98032	87203	03227	66021	99666	98368	39222	36056	81992	20121
92	40700	31826	94774	11366	81391	33602	69608	84119	93204	26825
93	68692	66849	29366	77540	14978	06508	10824	65416	23629	63029
94	19047	10784	19607	20296	31804	72984	60060	50353	23260	58909
95	82867	69266	50733	62630	00956	61500	89913	30049	82321	62367
96	26528	28928	52600	72997	80943	04084	86662	90025	14360	64867
97	51166	00607	49962	30724	81707	14548	25844	47336	57492	02207
98	97245	15440	55182	15368	85136	98869	33712	95152	50973	98658
99	54998	88830	95639	45104	72676	28220	82576	57381	34438	24565

付表1－3

	50-54	55-59	60-64	65-69	70-74	75-79	80-84	85-89	90-94	95-99
50	58649	85086	16502	97541	76611	94229	34987	86718	87208	05426
51	97306	52449	55596	66739	36525	97563	29469	31235	79276	10831
52	09942	79344	78160	11015	55777	22047	57615	15717	83239	36578
53	83842	28631	74893	47911	92170	38181	30416	54860	44120	73031
54	73778	30395	20163	76111	13712	33449	99224	18206	51418	70006
55	88381	56550	47467	59663	61117	39716	32927	06168	06217	45477
56	31044	21404	15968	21357	30772	81482	38807	67231	84283	63552
57	00909	63837	91328	81106	11740	50193	86806	21931	18054	49601
58	69882	37028	41732	37425	80832	03320	20690	32653	90145	03029
59	26059	78324	22501	73825	16927	31545	15695	74216	98372	28547
60	38573	98078	38982	33078	93524	45606	53463	20391	81637	37269
61	70624	00063	81455	16924	12848	23801	55481	78978	26795	10553
62	49806	23976	05640	29804	38988	25024	76951	02341	63219	75864
63	05461	67523	48316	14613	08541	35231	38312	14969	67279	50502
64	76582	62153	53801	51219	30424	32599	49099	83959	68408	20147
65	16660	80470	75062	75588	24384	27874	20018	11428	32265	07692
66	60166	42424	97470	88451	81270	80070	72959	26220	59939	31127
67	28953	03272	31460	41691	57736	72052	22762	96323	27616	53123
68	47536	86439	95210	96386	38704	15484	07426	70675	06888	81203
69	73457	26657	36983	72410	30244	97711	25652	09373	66218	64077
70	11190	66193	66287	09116	48140	37669	02932	50799	17255	06181
71	57062	78964	44455	14036	36098	40773	11688	33150	07459	36127
72	99624	67254	67302	18991	97687	54099	94884	42283	63258	50651
73	97521	83669	85968	16135	30133	51312	17831	75016	80278	68953
74	40273	04838	13661	64757	17461	78085	60094	27010	80945	66439
75	57260	06176	49963	29760	69546	61336	39429	41985	18572	98128
76	03451	47098	63495	71227	79304	29753	99131	18419	71791	81515
77	62331	20492	15393	84270	24396	32962	21632	92965	38670	44923
78	32290	51079	06512	38806	93327	80086	19088	59887	98416	24918
79	28014	80428	92853	31333	32648	16734	43418	90124	15086	48444
80	18950	16091	29543	65817	07002	73115	94115	20271	50250	25061
81	17403	69503	01866	13049	07263	13039	83844	80143	39048	62654
82	27999	50489	66613	21843	71746	65868	16208	46781	93402	12323
83	87076	53174	12165	84495	47947	60706	64034	31635	65169	93070
84	89044	45974	14524	46906	26052	51851	84197	61694	57429	63395
85	98048	64400	24705	75711	36232	57624	41424	77366	52790	84705
86	09345	12956	49770	80311	32319	48238	16952	92088	51222	82865
87	07086	77628	76195	47584	62411	40397	71857	54823	26536	56792
88	93128	25657	46872	11206	06831	87944	97914	64670	45760	34353
89	85137	70964	29947	27795	25547	37682	96105	26848	09389	64326
90	32798	39024	13814	98546	46585	84108	74603	94812	73968	68766
91	62496	26371	89880	52078	47781	95260	83464	65942	91761	53727
92	62707	81825	40987	97656	89714	52177	23778	07482	91678	40128
93	05500	28982	86124	19554	80818	94935	61924	31828	79369	23507
94	79476	31445	59498	85132	24582	26024	24002	63718	79164	43556
95	10653	29954	97568	91541	33139	84525	72271	02546	64818	14381
96	30524	06495	00886	40666	68574	49574	19705	16429	90981	08103
97	69050	22019	74066	14500	14506	06423	38332	34191	82663	85323
98	27908	78802	63446	07674	98871	63831	72449	42705	26513	19883
99	64520	16618	47409	19574	78136	46047	01277	79146	95759	36781

付表2　標準正規分布表（Steel & Torrie, 1960）

z	.00	.01	.02	.03	.04	.05	.06	.07	.08	.09
.0	.5000	.4960	.4920	.4880	.4840	.4801	.4761	.4721	.4681	.4641
.1	.4602	.4562	.4522	.4483	.4443	.4404	.4364	.4325	.4286	.4247
.2	.4207	.4168	.4129	.4090	.4052	.4013	.3974	.3936	.3897	.3859
.3	.3821	.3783	.3745	.3707	.3669	.3632	.3594	.3557	.3520	.3483
.4	.3446	.3409	.3372	.3336	.3300	.3264	.3228	.3192	.3156	.3121
.5	.3085	.3050	.3015	.2981	.2946	.2912	.2877	.2843	.2810	.2776
.6	.2743	.2709	.2676	.2643	.2611	.2578	.2546	.2514	.2483	.2451
.7	.2420	.2389	.2358	.2327	.2296	.2266	.2236	.2206	.2177	.2148
.8	.2119	.2090	.2061	.2033	.2005	.1977	.1949	.1922	.1894	.1867
.9	.1841	.1814	.1788	.1762	.1736	.1711	.1685	.1660	.1635	.1611
1.0	.1587	.1562	.1539	.1515	.1492	.1469	.1446	.1423	.1401	.1379
1.1	.1357	.1335	.1314	.1292	.1271	.1251	.1230	.1210	.1190	.1170
1.2	.1151	.1131	.1112	.1093	.1075	.1056	.1038	.1020	.1003	.0985
1.3	.0968	.0951	.0934	.0918	.0901	.0885	.0869	.0853	.0838	.0823
1.4	.0808	.0793	.0778	.0764	.0749	.0735	.0721	.0708	.0694	.0681
1.5	.0668	.0655	.0643	.0630	.0618	.0606	.0594	.0582	.0571	.0559
1.6	.0548	.0537	.0526	.0516	.0505	.0495	.0485	.0475	.0465	.0455
1.7	.0446	.0436	.0427	.0418	.0409	.0401	.0392	.0384	.0375	.0367
1.8	.0359	.0351	.0344	.0336	.0329	.0322	.0314	.0307	.0301	.0294
1.9	.0287	.0281	.0274	.0268	.0262	.0256	.0250	.0244	.0239	.0233
2.0	.0228	.0222	.0217	.0212	.0207	.0202	.0197	.0192	.0188	.0183
2.1	.0179	.0174	.0170	.0166	.0162	.0158	.0154	.0150	.0146	.0143
2.2	.0139	.0136	.0132	.0129	.0125	.0122	.0119	.0116	.0113	.0110
2.3	.0107	.0104	.0102	.0099	.0096	.0094	.0091	.0089	.0087	.0084
2.4	.0082	.0080	.0078	.0075	.0073	.0071	.0069	.0068	.0066	.0064
2.5	.0062	.0060	.0059	.0057	.0055	.0054	.0052	.0051	.0049	.0048
2.6	.0047	.0045	.0044	.0043	.0041	.0040	.0039	.0038	.0037	.0036
2.7	.0035	.0034	.0033	.0032	.0031	.0030	.0029	.0028	.0027	.0026
2.8	.0026	.0025	.0024	.0023	.0023	.0022	.0021	.0021	.0020	.0019
2.9	.0019	.0018	.0018	.0017	.0016	.0016	.0015	.0015	.0014	.0014
3.0	.0013	.0013	.0013	.0012	.0012	.0011	.0011	.0011	.0010	.0010
3.1	.0010	.0009	.0009	.0009	.0008	.0008	.0008	.0008	.0007	.0007
3.2	.0007	.0007	.0006	.0006	.0006	.0006	.0006	.0005	.0005	.0005
3.3	.0005	.0005	.0005	.0004	.0004	.0004	.0004	.0004	.0004	.0003
3.4	.0003	.0003	.0003	.0003	.0003	.0003	.0003	.0003	.0003	.0002
3.6	.0002	.0002	.0001	.0001	.0001	.0001	.0001	.0001	.0001	.0001
3.9	.0000									

注）標準化されたランダム変数 $Z = (X - \mu)/\sigma$ の確率分布

付表3 Studentのt分布表（Steel & Torrie, 1960）

df	両側検定のための有意水準								
	0.5	0.4	0.3	0.2	0.1	0.05	0.02	0.01	0.001
1	1.000	1.376	1.963	3.078	6.314	12.706	31.821	63.657	636.619
2	.816	1.061	1.386	1.886	2.920	4.303	6.965	9.925	31.598
3	.765	.978	1.250	1.638	2.353	3.182	4.541	5.841	12.941
4	.741	.941	1.190	1.533	2.132	2.776	3.747	4.604	8.610
5	.727	.920	1.156	1.476	2.015	2.571	3.365	4.032	6.859
6	.718	.906	1.134	1.440	1.943	2.447	3.143	3.707	5.959
7	.711	.896	1.119	1.415	1.895	2.365	2.998	3.499	5.405
8	.706	.889	1.108	1.397	1.860	2.306	2.896	3.355	5.041
9	.703	.883	1.100	1.383	1.833	2.262	2.821	3.250	4.781
10	.700	.879	1.093	1.372	1.812	2.228	2.764	3.169	4.587
11	.697	.876	1.088	1.363	1.796	2.201	2.718	3.106	4.437
12	.695	.873	1.083	1.356	1.782	2.179	2.681	3.055	4.318
13	.694	.870	1.079	1.350	1.771	2.160	2.650	3.012	4.221
14	.692	.868	1.076	1.345	1.761	2.145	2.624	2.977	4.140
15	.691	.866	1.074	1.341	1.753	2.131	2.602	2.947	4.073
16	.690	.865	1.071	1.337	1.746	2.120	2.583	2.921	4.015
17	.689	.863	1.069	1.333	1.740	2.110	2.567	2.898	3.965
18	.688	.862	1.067	1.330	1.734	2.101	2.552	2.878	3.922
19	.688	.861	1.066	1.328	1.729	2.093	2.539	2.861	3.883
20	.687	.860	1.064	1.325	1.725	2.086	2.528	2.845	3.850
21	.686	.859	1.063	1.323	1.721	2.080	2.518	2.831	3.819
22	.686	.858	1.061	1.321	1.717	2.074	2.508	2.819	3.792
23	.685	.858	1.060	1.319	1.714	2.069	2.500	2.807	3.767
24	.685	.857	1.059	1.318	1.711	2.064	2.492	2.797	3.745
25	.684	.856	1.058	1.316	1.708	2.060	2.485	2.787	3.725
26	.684	.856	1.058	1.315	1.706	2.056	2.479	2.779	3.707
27	.684	.855	1.057	1.314	1.703	2.052	2.473	2.771	3.690
28	.683	.855	1.056	1.313	1.701	2.048	2.467	2.763	3.674
29	.683	.854	1.055	1.311	1.699	2.045	2.462	2.756	3.659
30	.683	.854	1.055	1.310	1.697	2.042	2.457	2.750	3.646
40	.681	.851	1.050	1.303	1.684	2.021	2.423	2.704	3.551
60	.679	.848	1.046	1.296	1.671	2.000	2.390	2.660	3.460
120	.677	.845	1.041	1.289	1.658	1.980	2.358	2.617	3.373
∞	.674	.842	1.036	1.282	1.645	1.960	2.326	2.576	3.291
df	0.25	0.2	0.15	0.1	0.05	0.025	0.01	0.005	0.0005
	片側検定のための有意水準								

注）df：自由度

付表 4 F分布表 (Snedecor & Cochran, 1967)

df_1 / df_2	1	2	3	4	5	6	7	8	9	10	11	12	14	16	20	24	30	40	50	75	100	200	500	∞	f_2
1	161 4,052	200 4,999	216 5,403	225 5,625	230 5,764	234 5,859	237 5,928	239 5,981	241 6,022	242 6,056	243 6,082	244 6,106	245 6,142	246 6,169	248 6,208	249 6,234	250 6,261	251 6,286	252 6,302	253 6,323	253 6,334	254 6,352	254 6,361	254 6,366	1
2	18.51 98.49	19.00 99.00	19.16 99.17	19.25 99.25	19.30 99.30	19.33 99.33	19.36 99.36	19.37 99.37	19.38 99.39	19.39 99.40	19.40 99.41	19.41 99.42	19.42 99.43	19.43 99.44	19.44 99.45	19.45 99.46	19.46 99.47	19.47 99.48	19.47 99.48	19.48 99.49	19.49 99.49	19.49 99.49	19.50 99.50	19.50 99.50	2
3	10.13 34.12	9.55 30.82	9.28 29.46	9.12 28.71	9.01 28.24	8.94<|27.91	8.88 27.67	8.84 27.49	8.81 27.34	8.78 27.23	8.76 27.13	8.74 27.05	8.71 26.92	8.69 26.83	8.66 26.69	8.64 26.60	8.62 26.50	8.60 26.41	8.58 26.35	8.57 26.27	8.56 26.23	8.54 26.18	8.54 26.14	8.53 26.12	3
4	7.71 21.20	6.94 18.00	6.59 16.69	6.39 15.98	6.26 15.52	6.16 15.21	6.09 14.98	6.04 14.80	6.00 14.66	5.96 14.54	5.93 14.45	5.91 14.37	5.87 14.24	5.84 14.15	5.80 14.02	5.77 13.93	5.74 13.83	5.71 13.74	5.70 13.69	5.68 13.61	5.66 13.57	5.65 13.52	5.64 13.48	5.63 13.46	4
5	6.61 16.26	5.79 13.27	5.41 12.06	5.19 11.39	5.05 10.97	4.95 10.67	4.88 10.45	4.82 10.29	4.78 10.15	4.74 10.05	4.70 9.96	4.68 9.89	4.64 9.77	4.60 9.68	4.56 9.55	4.53 9.47	4.50 9.38	4.46 9.29	4.44 9.24	4.42 9.17	4.40 9.13	4.38 9.07	4.37 9.04	4.36 9.02	5
6	5.99 13.74	5.14 10.92	4.76 9.78	4.53 9.15	4.39 8.75	4.28 8.47	4.21 8.26	4.15 8.10	4.10 7.98	4.06 7.87	4.03 7.79	4.00 7.72	3.96 7.60	3.92 7.52	3.87 7.39	3.84 7.31	3.81 7.23	3.77 7.14	3.75 7.09	3.72 7.02	3.71 6.99	3.69 6.94	3.68 6.90	3.67 6.88	6
7	5.59 12.25	4.74 9.55	4.35 8.45	4.12 7.85	3.97 7.46	3.87 7.19	3.79 7.00	3.73 6.84	3.68 6.71	3.63 6.62	3.60 6.54	3.57 6.47	3.52 6.35	3.49 6.27	3.44 6.15	3.41 6.07	3.38 5.98	3.34 5.90	3.32 5.85	3.29 5.78	3.28 5.75	3.25 5.70	3.24 5.67	3.23 5.65	7
8	5.32 11.26	4.46 8.65	4.07 7.59	3.84 7.01	3.69 6.63	3.58 6.37	3.50 6.19	3.44 6.03	3.39 5.91	3.34 5.82	3.31 5.74	3.28 5.67	3.23 5.56	3.20 5.48	3.15 5.36	3.12 5.28	3.08 5.20	3.05 5.11	3.03 5.06	3.00 5.00	2.98 4.96	2.96 4.91	2.94 4.88	2.93 4.86	8
9	5.12 10.56	4.26 8.02	3.86 6.99	3.63 6.42	3.48 6.06	3.37 5.80	3.29 5.62	3.23 5.47	3.18 5.35	3.13 5.26	3.10 5.18	3.07 5.11	3.02 5.00	2.98 4.92	2.93 4.80	2.90 4.73	2.86 4.64	2.82 4.56	2.80 4.51	2.77 4.45	2.76 4.41	2.73 4.36	2.72 4.33	2.71 4.31	9
10	4.96 10.04	4.10 7.56	3.71 6.55	3.48 5.99	3.33 5.64	3.22 5.39	3.14 5.21	3.07 5.06	3.02 4.95	2.97 4.85	2.94 4.78	2.91 4.71	2.86 4.60	2.82 4.52	2.77 4.41	2.74 4.33	2.70 4.25	2.67 4.17	2.64 4.12	2.61 4.05	2.59 4.01	2.56 3.96	2.55 3.93	2.54 3.91	10
11	4.84 9.65	3.98 7.20	3.59 6.22	3.36 5.67	3.20 5.32	3.09 5.07	3.01 4.88	2.95 4.74	2.90 4.63	2.86 4.54	2.82 4.46	2.79 4.40	2.74 4.29	2.70 4.21	2.65 4.10	2.61 4.02	2.57 3.94	2.53 3.86	2.50 3.80	2.47 3.74	2.45 3.70	2.42 3.66	2.41 3.62	2.40 3.60	11
12	4.75 9.33	3.88 6.93	3.49 5.95	3.26 5.41	3.11 5.06	3.00 4.82	2.92 4.65	2.85 4.50	2.80 4.39	2.76 4.30	2.72 4.22	2.69 4.16	2.64 4.05	2.60 3.98	2.54 3.86	2.50 3.78	2.46 3.70	2.42 3.61	2.40 3.56	2.36 3.49	2.35 3.46	2.32 3.41	2.31 3.38	2.30 3.36	12
13	4.67 9.07	3.80 6.70	3.41 5.74	3.18 5.20	3.02 4.86	2.92 4.62	2.84 4.44	2.77 4.30	2.72 4.19	2.67 4.10	2.63 4.02	2.60 3.96	2.55 3.85	2.51 3.78	2.46 3.67	2.42 3.59	2.38 3.51	2.34 3.42	2.32 3.37	2.28 3.30	2.26 3.27	2.24 3.21	2.22 3.18	2.21 3.16	13

注：上段：有意水準 5%，下段：有意水準 1%
df_1：分子となる大きい分散の自由度，df_2：分母となる小さい分散の自由度

付表 4 – 1

df_1 / df_2	1	2	3	4	5	6	7	8	9	10	11	12	14	16	20	24	30	40	50	75	100	200	500	∞	f_2
14	4.60 **8.86**	3.74 **6.51**	3.34 **5.56**	3.11 **5.03**	2.96 **4.69**	2.85 **4.46**	2.77 **4.28**	2.70 **4.14**	2.65 **4.03**	2.60 **3.94**	2.56 **3.86**	2.53 **3.80**	2.48 **3.70**	2.44 **3.62**	2.39 **3.51**	2.35 **3.43**	2.31 **3.34**	2.27 **3.26**	2.24 **3.21**	2.21 **3.14**	2.19 **3.11**	2.16 **3.06**	2.14 **3.02**	2.13 **3.00**	14
15	4.54 **8.68**	3.68 **6.36**	3.29 **5.42**	3.06 **4.89**	2.90 **4.56**	2.79 **4.32**	2.70 **4.14**	2.64 **4.00**	2.59 **3.89**	2.55 **3.80**	2.51 **3.73**	2.48 **3.67**	2.43 **3.56**	2.39 **3.48**	2.33 **3.36**	2.29 **3.29**	2.25 **3.20**	2.21 **3.12**	2.18 **3.07**	2.15 **3.00**	2.12 **2.97**	2.10 **2.92**	2.08 **2.89**	2.07 **2.87**	15
16	4.49 **8.53**	3.63 **6.23**	3.24 **5.29**	3.01 **4.77**	2.85 **4.44**	2.74 **4.20**	2.66 **4.03**	2.59 **3.89**	2.54 **3.78**	2.49 **3.69**	2.45 **3.61**	2.42 **3.55**	2.37 **3.45**	2.33 **3.37**	2.28 **3.25**	2.24 **3.18**	2.20 **3.10**	2.16 **3.01**	2.13 **2.96**	2.09 **2.98**	2.07 **2.86**	2.04 **2.80**	2.02 **2.77**	2.01 **2.75**	16
17	4.45 **8.40**	3.59 **6.11**	3.20 **5.18**	2.96 **4.67**	2.81 **4.34**	2.70 **4.10**	2.62 **3.93**	2.55 **3.79**	2.50 **3.68**	2.45 **3.59**	2.41 **3.52**	2.38 **3.45**	2.33 **3.35**	2.29 **3.27**	2.23 **3.16**	2.19 **3.08**	2.15 **3.00**	2.11 **2.92**	2.08 **2.86**	2.04 **2.79**	2.02 **2.76**	1.99 **2.70**	1.97 **2.67**	1.96 **2.65**	17
18	4.41 **8.28**	3.55 **6.01**	3.16 **5.09**	2.93 **4.58**	2.77 **4.25**	2.66 **4.01**	2.58 **3.85**	2.51 **3.71**	2.46 **3.60**	2.41 **3.51**	2.37 **3.44**	2.34 **3.37**	2.29 **3.27**	2.25 **3.19**	2.19 **3.07**	2.15 **3.00**	2.11 **2.91**	2.07 **2.83**	2.04 **2.78**	2.00 **2.71**	1.98 **2.68**	1.95 **2.62**	1.93 **2.59**	1.92 **2.57**	18
19	4.38 **8.18**	3.52 **5.93**	3.13 **5.01**	2.90 **4.50**	2.74 **4.17**	2.63 **3.94**	2.55 **3.77**	2.48 **3.63**	2.43 **3.52**	2.38 **3.43**	2.34 **3.36**	2.31 **3.30**	2.26 **3.19**	2.21 **3.12**	2.15 **3.00**	2.11 **2.92**	2.07 **2.84**	2.02 **2.76**	2.00 **2.70**	1.96 **2.63**	1.94 **2.60**	1.91 **2.54**	1.90 **2.51**	1.88 **2.49**	19
20	4.35 **8.10**	3.49 **5.85**	3.10 **4.94**	2.87 **4.43**	2.71 **4.10**	2.60 **3.87**	2.52 **3.71**	2.45 **3.56**	2.40 **3.45**	2.35 **3.37**	2.31 **3.30**	2.28 **3.23**	2.23 **3.13**	2.18 **3.05**	2.12 **2.94**	2.08 **2.86**	2.04 **2.77**	1.99 **2.69**	1.96 **2.63**	1.92 **2.56**	1.90 **2.53**	1.87 **2.47**	1.85 **2.44**	1.84 **2.42**	20
21	4.32 **8.02**	3.47 **5.78**	3.07 **4.87**	2.84 **4.37**	2.68 **4.04**	2.57 **3.81**	2.49 **3.65**	2.42 **3.51**	2.37 **3.40**	2.32 **3.31**	2.28 **3.24**	2.25 **3.17**	2.20 **3.07**	2.15 **2.99**	2.09 **2.88**	2.05 **2.80**	2.00 **2.72**	1.96 **2.63**	1.93 **2.58**	1.89 **2.51**	1.87 **2.47**	1.84 **2.42**	1.82 **2.38**	1.81 **2.36**	21
22	4.30 **7.94**	3.44 **5.72**	3.05 **4.82**	2.82 **4.31**	2.66 **3.99**	2.55 **3.76**	2.47 **3.59**	2.40 **3.45**	2.35 **3.35**	2.30 **3.26**	2.26 **3.18**	2.23 **3.12**	2.18 **3.02**	2.13 **2.94**	2.07 **2.83**	2.03 **2.75**	1.98 **2.67**	1.93 **2.58**	1.91 **2.53**	1.87 **2.46**	1.84 **2.42**	1.81 **2.37**	1.80 **2.33**	1.78 **2.31**	22
23	4.28 **7.88**	3.42 **5.66**	3.03 **4.76**	2.80 **4.26**	2.64 **3.94**	2.53 **3.71**	2.45 **3.54**	2.38 **3.41**	2.32 **3.30**	2.28 **3.21**	2.24 **3.14**	2.20 **3.07**	2.14 **2.97**	2.10 **2.89**	2.04 **2.78**	2.00 **2.70**	1.96 **2.62**	1.91 **2.53**	1.88 **2.48**	1.84 **2.41**	1.82 **2.37**	1.79 **2.32**	1.77 **2.28**	1.76 **2.26**	23
24	4.26 **7.82**	3.40 **5.61**	3.01 **4.72**	2.78 **4.22**	2.62 **3.90**	2.51 **3.67**	2.43 **3.50**	2.36 **3.36**	2.30 **3.25**	2.26 **3.17**	2.22 **3.09**	2.18 **3.03**	2.13 **2.93**	2.09 **2.85**	2.02 **2.74**	1.98 **2.66**	1.94 **2.58**	1.89 **2.49**	1.86 **2.44**	1.82 **2.36**	1.80 **2.33**	1.76 **2.27**	1.74 **2.23**	1.73 **2.21**	24
25	4.24 **7.77**	3.38 **5.57**	2.99 **4.68**	2.76 **4.18**	2.60 **3.86**	2.49 **3.63**	2.41 **3.46**	2.34 **3.32**	2.28 **3.21**	2.24 **3.13**	2.20 **3.05**	2.16 **2.99**	2.11 **2.89**	2.06 **2.81**	2.00 **2.70**	1.96 **2.62**	1.92 **2.54**	1.87 **2.45**	1.84 **2.40**	1.80 **2.32**	1.77 **2.29**	1.74 **2.23**	1.72 **2.19**	1.71 **2.17**	25
26	4.22 **7.72**	3.37 **5.53**	2.98 **4.64**	2.74 **4.14**	2.59 **3.82**	2.47 **3.59**	2.39 **3.42**	2.32 **3.29**	2.27 **3.17**	2.22 **3.09**	2.18 **3.02**	2.15 **2.96**	2.10 **2.86**	2.05 **2.77**	1.99 **2.66**	1.95 **2.58**	1.90 **2.50**	1.85 **2.41**	1.82 **2.36**	1.78 **2.28**	1.76 **2.25**	1.72 **2.19**	1.70 **2.15**	1.69 **2.13**	26

付表 4 − 2

df_1 \ df_2	1	2	3	4	5	6	7	8	9	10	11	12	14	16	20	24	30	40	50	75	100	200	500	∞	f_2
27	4.21 7.68	3.35 5.49	2.96 4.60	2.73 4.11	2.57 3.79	2.46 3.56	2.37 3.39	2.30 3.26	2.25 3.14	2.20 3.06	2.16 2.98	2.13 2.93	2.08 2.83	2.03 2.74	1.97 2.63	1.93 2.55	1.88 2.47	1.84 2.38	1.80 2.33	1.76 2.25	1.74 2.21	1.71 2.16	1.68 2.12	1.67 2.10	27
28	4.20 7.64	3.34 5.45	2.95 4.57	2.71 4.07	2.56 3.76	2.44 3.53	2.36 3.36	2.29 3.23	2.24 3.11	2.19 3.03	2.15 2.95	2.12 2.90	2.06 2.80	2.02 2.71	1.96 2.60	1.91 2.52	1.87 2.44	1.81 2.35	1.78 2.30	1.75 2.22	1.72 2.18	1.69 2.13	1.67 2.09	1.65 2.06	28
29	4.18 7.60	3.33 5.42	2.93 4.54	2.70 4.04	2.54 3.73	2.43 3.50	2.35 3.33	2.28 3.20	2.22 3.08	2.18 3.00	2.14 2.92	2.10 2.87	2.05 2.77	2.00 2.68	1.94 2.57	1.90 2.49	1.85 2.41	1.80 2.32	1.77 2.27	1.73 2.19	1.71 2.15	1.68 2.10	1.65 2.06	1.64 2.03	29
30	4.17 7.56	3.32 5.39	2.92 4.51	2.69 4.02	2.53 3.70	2.42 3.47	2.34 3.30	2.27 3.17	2.21 3.06	2.16 2.98	2.12 2.90	2.09 2.84	2.04 2.74	1.99 2.66	1.93 2.55	1.89 2.47	1.84 2.38	1.79 2.29	1.76 2.24	1.72 2.16	1.69 2.13	1.66 2.07	1.64 2.03	1.62 2.01	30
32	4.15 7.50	3.30 5.34	2.90 4.46	2.67 3.97	2.51 3.66	2.40 3.42	2.32 3.25	2.25 3.12	2.19 3.01	2.14 2.94	2.10 2.86	2.07 2.80	2.02 2.70	1.97 2.62	1.91 2.51	1.86 2.42	1.82 2.34	1.76 2.25	1.74 2.20	1.69 2.12	1.67 2.08	1.64 2.02	1.61 1.98	1.59 1.96	32
34	4.13 7.44	3.28 5.29	2.88 4.42	2.65 3.93	2.49 3.61	2.38 3.38	2.30 3.21	2.23 3.08	2.17 2.97	2.12 2.89	2.08 2.82	2.05 2.76	2.00 2.66	1.95 2.58	1.89 2.47	1.84 2.38	1.80 2.30	1.74 2.21	1.71 2.15	1.67 2.08	1.64 2.04	1.61 1.98	1.59 1.94	1.57 1.91	34
36	4.11 7.39	3.26 5.25	2.86 4.38	2.63 3.89	2.48 3.58	2.36 3.35	2.28 3.18	2.21 3.04	2.15 2.94	2.10 2.86	2.06 2.78	2.03 2.72	1.98 2.62	1.93 2.54	1.87 2.43	1.82 2.35	1.78 2.26	1.72 2.17	1.69 2.12	1.65 2.04	1.62 2.00	1.59 1.94	1.56 1.90	1.55 1.87	36
38	4.10 7.35	3.25 5.21	2.85 4.34	2.62 3.86	2.46 3.54	2.35 3.32	2.26 3.15	2.19 3.02	2.14 2.91	2.09 2.82	2.05 2.75	2.02 2.69	1.96 2.59	1.92 2.51	1.85 2.40	1.80 2.32	1.76 2.22	1.71 2.14	1.67 2.08	1.63 2.00	1.60 1.97	1.57 1.90	1.54 1.86	1.53 1.84	38
40	4.08 7.31	3.23 5.18	2.84 4.31	2.61 3.83	2.45 3.51	2.34 3.29	2.25 3.12	2.18 2.99	2.12 2.88	2.07 2.80	2.04 2.73	2.00 2.66	1.95 2.56	1.90 2.49	1.84 2.37	1.79 2.29	1.74 2.20	1.69 2.11	1.66 2.05	1.61 1.97	1.59 1.94	1.55 1.88	1.53 1.84	1.51 1.81	40
42	4.07 7.27	3.22 5.15	2.83 4.29	2.59 3.80	2.44 3.49	2.32 3.26	2.24 3.10	2.17 2.96	2.11 2.86	2.06 2.77	2.02 2.70	1.99 2.64	1.94 2.54	1.89 2.46	1.82 2.35	1.78 2.26	1.73 2.17	1.68 2.08	1.64 2.02	1.60 1.94	1.57 1.91	1.54 1.85	1.51 1.80	1.49 1.78	42
44	4.06 7.24	3.21 5.12	2.82 4.26	2.58 3.78	2.43 3.46	2.31 3.24	2.23 3.07	2.16 2.94	2.10 2.84	2.05 2.75	2.01 2.68	1.98 2.62	1.92 2.52	1.88 2.44	1.81 2.32	1.76 2.24	1.72 2.15	1.66 2.06	1.63 2.00	1.58 1.92	1.56 1.88	1.52 1.82	1.50 1.78	1.48 1.75	44
46	4.05 7.21	3.20 5.10	2.81 4.24	2.57 3.76	2.42 3.44	2.30 3.22	2.22 3.05	2.14 2.92	2.09 2.82	2.04 2.73	2.00 2.66	1.97 2.60	1.91 2.50	1.87 2.42	1.80 2.30	1.75 2.22	1.71 2.13	1.65 2.04	1.62 1.98	1.57 1.90	1.54 1.86	1.51 1.80	1.48 1.76	1.46 1.72	46
48	4.04 7.19	3.19 5.08	2.80 4.22	2.56 3.74	2.41 3.42	2.30 3.20	2.21 3.04	2.14 2.90	2.08 2.80	2.03 2.71	1.99 2.64	1.96 2.58	1.90 2.48	1.86 2.40	1.79 2.28	1.74 2.20	1.70 2.11	1.64 2.02	1.61 1.96	1.56 1.88	1.53 1.84	1.50 1.78	1.47 1.73	1.45 1.70	48

付表 4 – 3

df_1 / df_2	1	2	3	4	5	6	7	8	9	10	11	12	14	16	20	24	30	40	50	75	100	200	500	∞	f_2
50	4.03 / 7.17	3.18 / 5.06	2.79 / 4.20	2.56 / 3.72	2.40 / 3.41	2.29 / 3.18	2.20 / 3.02	2.13 / 2.88	2.07 / 2.78	2.02 / 2.70	1.98 / 2.62	1.95 / 2.56	1.90 / 2.46	1.85 / 2.39	1.78 / 2.26	1.74 / 2.18	1.69 / 2.10	1.63 / 2.00	1.60 / 1.94	1.55 / 1.86	1.52 / 1.82	1.48 / 1.76	1.46 / 1.71	1.44 / 1.68	50
55	4.02 / 7.12	3.17 / 5.01	2.78 / 4.16	2.54 / 3.68	2.38 / 3.37	2.27 / 3.15	2.18 / 2.98	2.11 / 2.85	2.05 / 2.75	2.00 / 2.66	1.97 / 2.59	1.93 / 2.53	1.88 / 2.43	1.83 / 2.35	1.76 / 2.23	1.72 / 2.15	1.67 / 2.06	1.61 / 1.96	1.58 / 1.90	1.52 / 1.82	1.50 / 1.78	1.46 / 1.71	1.43 / 1.66	1.41 / 1.64	55
60	4.00 / 7.08	3.15 / 4.98	2.76 / 4.13	2.52 / 3.65	2.37 / 3.34	2.25 / 3.12	2.17 / 2.95	2.10 / 2.82	2.04 / 2.72	1.99 / 2.63	1.95 / 2.56	1.92 / 2.50	1.86 / 2.40	1.81 / 2.32	1.75 / 2.20	1.70 / 2.12	1.65 / 2.03	1.59 / 1.93	1.56 / 1.87	1.50 / 1.79	1.48 / 1.74	1.44 / 1.68	1.41 / 1.63	1.39 / 1.60	60
65	3.99 / 7.04	3.14 / 4.95	2.75 / 4.10	2.51 / 3.62	2.36 / 3.31	2.24 / 3.09	2.15 / 2.93	2.08 / 2.79	2.02 / 2.70	1.98 / 2.61	1.94 / 2.54	1.90 / 2.47	1.85 / 2.37	1.80 / 2.30	1.73 / 2.18	1.68 / 2.09	1.63 / 2.00	1.57 / 1.90	1.54 / 1.84	1.49 / 1.76	1.46 / 1.71	1.42 / 1.64	1.39 / 1.60	1.37 / 1.56	65
70	3.98 / 7.01	3.13 / 4.92	2.74 / 4.08	2.50 / 3.60	2.35 / 3.29	2.23 / 3.07	2.14 / 2.91	2.07 / 2.77	2.01 / 2.67	1.97 / 2.59	1.93 / 2.51	1.89 / 2.45	1.84 / 2.35	1.79 / 2.28	1.72 / 2.15	1.67 / 2.07	1.62 / 1.98	1.56 / 1.88	1.53 / 1.82	1.47 / 1.74	1.45 / 1.69	1.40 / 1.62	1.37 / 1.56	1.35 / 1.53	70
80	3.96 / 6.96	3.11 / 4.88	2.72 / 4.04	2.48 / 3.56	2.33 / 3.25	2.21 / 3.04	2.12 / 2.87	2.05 / 2.74	1.99 / 2.64	1.95 / 2.55	1.91 / 2.48	1.88 / 2.41	1.82 / 2.32	1.77 / 2.24	1.70 / 2.11	1.65 / 2.03	1.60 / 1.94	1.54 / 1.84	1.51 / 1.78	1.45 / 1.70	1.42 / 1.65	1.38 / 1.57	1.35 / 1.52	1.32 / 1.49	80
100	3.94 / 6.90	3.09 / 4.82	2.70 / 3.98	2.46 / 3.51	2.30 / 3.20	2.19 / 2.99	2.10 / 2.82	2.03 / 2.69	1.97 / 2.59	1.92 / 2.51	1.88 / 2.43	1.85 / 2.36	1.79 / 2.26	1.75 / 2.19	1.68 / 2.06	1.63 / 1.98	1.57 / 1.89	1.51 / 1.79	1.48 / 1.73	1.42 / 1.64	1.39 / 1.59	1.34 / 1.51	1.30 / 1.46	1.28 / 1.43	100
125	3.92 / 6.84	3.07 / 4.78	2.68 / 3.94	2.44 / 3.47	2.29 / 3.17	2.17 / 2.95	2.08 / 2.79	2.01 / 2.65	1.95 / 2.56	1.90 / 2.47	1.86 / 2.40	1.83 / 2.33	1.77 / 2.23	1.72 / 2.15	1.65 / 2.03	1.60 / 1.94	1.55 / 1.85	1.49 / 1.75	1.45 / 1.68	1.39 / 1.59	1.36 / 1.54	1.31 / 1.46	1.27 / 1.40	1.25 / 1.37	125
150	3.91 / 6.81	3.06 / 4.75	2.67 / 3.91	2.43 / 3.44	2.27 / 3.14	2.16 / 2.92	2.07 / 2.76	2.00 / 2.62	1.94 / 2.53	1.89 / 2.44	1.85 / 2.37	1.82 / 2.30	1.76 / 2.20	1.71 / 2.12	1.64 / 2.00	1.59 / 1.91	1.54 / 1.83	1.47 / 1.72	1.44 / 1.66	1.37 / 1.56	1.34 / 1.51	1.29 / 1.43	1.25 / 1.37	1.22 / 1.33	150
200	3.89 / 6.76	3.04 / 4.71	2.65 / 3.88	2.41 / 3.41	2.26 / 3.11	2.14 / 2.90	2.05 / 2.73	1.98 / 2.60	1.92 / 2.50	1.87 / 2.41	1.83 / 2.34	1.80 / 2.28	1.74 / 2.17	1.69 / 2.09	1.62 / 1.97	1.57 / 1.88	1.52 / 1.79	1.45 / 1.69	1.42 / 1.62	1.35 / 1.53	1.32 / 1.48	1.26 / 1.39	1.22 / 1.33	1.19 / 1.28	200
400	3.86 / 6.70	3.02 / 4.66	2.62 / 3.83	2.39 / 3.36	2.23 / 3.06	2.12 / 2.85	2.03 / 2.69	1.96 / 2.55	1.90 / 2.46	1.85 / 2.37	1.81 / 2.29	1.78 / 2.23	1.72 / 2.12	1.67 / 2.04	1.60 / 1.92	1.54 / 1.84	1.49 / 1.74	1.42 / 1.64	1.38 / 1.57	1.32 / 1.47	1.28 / 1.42	1.22 / 1.32	1.16 / 1.24	1.13 / 1.19	400
1000	3.85 / 6.66	3.00 / 4.62	2.61 / 3.80	2.38 / 3.34	2.22 / 3.04	2.10 / 2.82	2.02 / 2.66	1.95 / 2.53	1.89 / 2.43	1.84 / 2.34	1.80 / 2.26	1.76 / 2.20	1.70 / 2.09	1.65 / 2.01	1.58 / 1.89	1.53 / 1.81	1.47 / 1.71	1.41 / 1.61	1.36 / 1.54	1.30 / 1.44	1.26 / 1.38	1.19 / 1.28	1.13 / 1.19	1.08 / 1.11	1000
∞	3.84 / 6.64	2.99 / 4.60	2.60 / 3.78	2.37 / 3.32	2.21 / 3.02	2.09 / 2.80	2.01 / 2.64	1.94 / 2.51	1.88 / 2.41	1.83 / 2.32	1.79 / 2.24	1.75 / 2.18	1.69 / 2.07	1.64 / 1.99	1.57 / 1.87	1.52 / 1.79	1.46 / 1.69	1.40 / 1.59	1.35 / 1.52	1.28 / 1.41	1.24 / 1.36	1.17 / 1.25	1.11 / 1.15	1.00 / 1.00	∞

付表5 DuncanのSSR係数表

p \ df	2	3	4	5	6
1	17.97 **90.03**	17.97 **90.03**	17.97 **90.03**	17.97 **90.03**	17.97 **90.03**
2	6.085 **14.04**	6.085 **14.04**	6.085 **14.04**	6.085 **14.04**	6.085 **14.04**
3	4.501 **8.261**	4.516 **8.321**	4.516 **8.321**	4.516 **8.321**	4.516 **8.321**
4	3.927 **6.512**	4.013 **6.677**	4.033 **6.740**	4.033 **6.756**	4.033 **6.756**
5	3.635 **5.702**	3.749 **5.893**	3.797 **5.989**	3.814 **6.040**	3.814 **6.065**
6	3.461 **5.243**	3.587 **5.439**	3.649 **5.549**	3.680 **5.614**	3.694 **5.655**
7	3.344 **4.949**	3.477 **5.145**	3.548 **5.260**	3.588 **5.334**	3.611 **5.383**
8	3.261 **4.746**	3.399 **4.939**	3.475 **5.057**	3.521 **5.135**	3.549 **5.189**
9	3.199 **4.596**	3.339 **4.787**	3.420 **4.906**	3.470 **4.986**	3.502 **5.043**
10	3.151 **4.482**	3.293 **4.671**	3.376 **4.790**	3.430 **4.871**	3.465 **4.931**
11	3.113 **4.392**	3.256 **4.579**	3.342 **4.697**	3.397 **4.780**	3.435 **4.841**
12	3.082 **4.320**	3.225 **4.504**	3.313 **4.622**	3.370 **4.706**	3.410 **4.767**
13	3.055 **4.260**	3.200 **4.442**	3.289 **4.560**	3.348 **4.644**	3.389 **4.706**
14	3.033 **4.210**	3.178 **4.391**	3.268 **4.508**	3.329 **4.591**	3.372 **4.654**
15	3.014 **4.168**	3.160 **4.347**	3.250 **4.463**	3.312 **4.547**	3.356 **4.610**
16	2.998 **4.131**	3.144 **4.309**	3.235 **4.425**	3.298 **4.509**	3.343 **4.572**
17	2.984 **4.099**	3.130 **4.275**	3.222 **4.391**	3.285 **4.475**	3.331 **4.539**
18	2.971 **4.071**	3.118 **4.246**	3.210 **4.362**	3.274 **4.445**	3.321 **4.509**
19	2.960 **4.046**	3.107 **4.220**	3.199 **4.335**	3.264 **4.419**	3.311 **4.483**
20	2.950 **4.024**	3.097 **4.197**	3.190 **4.312**	3.255 **4.395**	3.303 **4.459**
30	2.888 **3.889**	3.035 **4.056**	3.131 **4.168**	3.199 **4.250**	3.250 **4.314**
40	2.858 **3.825**	3.006 **3.988**	3.102 **4.098**	3.171 **4.180**	3.224 **4.244**
60	2.829 **3.762**	2.976 **3.922**	3.073 **4.031**	3.143 **4.111**	3.198 **4.174**
120	2.800 **3.702**	2.947 **3.858**	3.045 **3.965**	3.116 **4.044**	3.172 **4.107**
∞	2.772 **3.643**	2.918 **3.796**	3.017 **3.900**	3.089 **3.978**	3.146 **4.040**

注) 上段:有意水準5%, 下段:有意水準1%
df:誤差の自由度, p:比較する平均値の範囲

(秋元,1998)

7	8	9	10	11	12
17.97	17.97	17.97	17.97	17.97	17.97
90.03	**90.03**	**90.03**	**90.03**	**90.03**	**90.03**
6.085	6.085	6.085	6.085	6.085	6.085
14.04	**14.04**	**14.04**	**14.04**	**14.04**	**14.04**
4.516	4.516	4.516	4.516	4.516	4.516
8.321	**8.321**	**8.321**	**8.321**	**8.321**	**8.321**
4.033	4.033	4.033	4.033	4.033	4.033
6.756	**6.756**	**6.756**	**6.756**	**6.756**	**6.756**
3.814	3.814	3.814	3.814	3.814	3.814
6.074	**6.074**	**6.074**	**6.074**	**6.074**	**6.074**
3.697	3.697	3.697	3.697	3.697	3.697
5.680	**5.694**	**5.701**	**5.703**	**5.703**	**5.703**
3.622	3.626	3.626	3.626	3.626	3.626
5.416	**5.439**	**5.454**	**5.464**	**5.470**	**5.472**
3.566	3.575	3.579	3.579	3.579	3.579
5.227	**5.256**	**5.276**	**5.291**	**5.302**	**5.309**
3.523	3.536	3.544	3.547	3.547	3.547
5.086	**5.118**	**5.142**	**5.160**	**5.174**	**5.185**
3.489	3.505	3.516	3.522	3.525	3.526
4.975	**5.010**	**5.037**	**5.058**	**5.074**	**5.088**
3.462	3.480	3.493	3.501	3.506	3.509
4.887	**4.924**	**4.952**	**4.975**	**4.994**	**5.009**
3.439	3.459	3.474	3.484	3.491	3.496
4.815	**4.852**	**4.883**	**4.907**	**4.927**	**4.944**
3.419	3.442	3.458	3.470	3.478	3.484
4.755	**4.793**	**4.824**	**4.850**	**4.872**	**4.889**
3.403	3.426	3.444	3.457	3.467	3.474
4.704	**4.743**	**4.775**	**4.802**	**4.824**	**4.843**
3.389	3.413	3.432	3.446	3.457	3.465
4.660	**4.700**	**4.733**	**4.760**	**4.783**	**4.803**
3.376	3.402	3.422	3.437	3.449	3.458
4.622	**4.663**	**4.696**	**4.724**	**4.748**	**4.768**
3.366	3.392	3.412	3.429	3.441	3.451
4.589	**4.630**	**4.664**	**4.693**	**4.717**	**4.738**
3.356	3.383	3.405	3.421	3.435	3.445
4.560	**4.601**	**4.635**	**4.664**	**4.689**	**4.771**
3.347	3.375	3.397	3.415	3.429	3.440
4.534	**4.575**	**4.610**	**4.639**	**4.665**	**4.686**
3.339	3.368	3.391	3.409	3.424	3.436
4.510	**4.552**	**4.587**	**4.617**	**4.642**	**4.664**
3.290	3.322	3.349	3.371	3.389	3.405
4.366	**4.409**	**4.445**	**4.477**	**4.504**	**4.528**
3.266	3.300	3.328	3.352	3.373	3.390
4.296	**4.339**	**4.376**	**4.408**	**4.436**	**4.461**
3.241	3.277	3.307	3.333	3.355	3.374
4.226	**4.270**	**4.307**	**4.340**	**4.368**	**4.394**
3.217	3.254	3.287	3.314	3.337	3.359
4.158	**4.202**	**4.239**	**4.272**	**4.301**	**4.327**
3.193	3.232	3.265	3.294	3.320	3.343
4.091	**4.135**	**4.172**	**4.205**	**4.235**	**4.261**

付表5のつづき

p / df	13	14	15	16	17
1	17.97 **90.03**	17.97 **90.03**	17.97 **90.03**	17.97 **90.03**	17.97 **90.03**
2	6.085 **14.04**	6.085 **14.04**	6.085 **14.04**	6.085 **14.04**	6.085 **14.04**
3	4.516 **8.321**	4.516 **8.321**	4.516 **8.321**	4.516 **8.321**	4.516 **8.321**
4	4.033 **6.756**	4.033 **6.756**	4.033 **6.756**	4.033 **6.756**	4.033 **6.756**
5	3.814 **6.074**	3.814 **6.074**	3.814 **6.074**	3.814 **6.074**	3.814 **6.074**
6	3.697 **5.703**	3.697 **5.703**	3.697 **5.703**	3.697 **5.703**	3.697 **5.703**
7	3.626 **5.472**	3.626 **5.472**	3.626 **5.472**	3.626 **5.472**	3.626 **5.472**
8	3.579 **5.314**	3.579 **5.316**	3.579 **5.317**	3.579 **5.317**	3.579 **5.317**
9	3.547 **5.193**	3.547 **5.199**	3.547 **5.203**	3.547 **5.205**	3.547 **5.206**
10	3.526 **5.098**	3.526 **5.106**	3.526 **5.112**	3.526 **5.117**	3.526 **5.120**
11	3.510 **5.021**	3.510 **5.031**	3.510 **5.039**	3.510 **5.045**	3.510 **5.050**
12	3.498 **4.958**	3.499 **4.969**	3.499 **4.978**	3.499 **4.986**	3.499 **4.993**
13	3.488 **4.904**	3.490 **4.917**	3.490 **4.928**	3.490 **4.937**	3.490 **4.944**
14	3.479 **4.859**	3.482 **4.872**	3.484 **4.884**	3.484 **4.894**	3.485 **4.902**
15	3.471 **4.820**	3.476 **4.834**	3.478 **4.846**	3.480 **4.857**	3.481 **4.866**
16	3.465 **4.786**	3.470 **4.800**	3.473 **4.813**	3.477 **4.825**	3.478 **4.835**
17	3.459 **4.756**	3.465 **4.771**	3.469 **4.785**	3.473 **4.797**	3.475 **4.807**
18	3.454 **4.729**	3.460 **4.745**	3.465 **4.759**	3.470 **4.772**	3.472 **4.783**
19	3.449 **4.705**	3.456 **4.722**	3.462 **4.736**	3.467 **4.749**	3.470 **4.761**
20	3.445 **4.684**	3.453 **4.701**	3.459 **4.716**	3.464 **4.729**	3.467 **4.741**
30	3.418 **4.550**	3.430 **4.569**	3.439 **4.586**	3.447 **4.601**	3.454 **4.615**
40	3.405 **4.483**	3.418 **4.503**	3.429 **4.521**	3.439 **4.537**	3.448 **4.553**
60	3.391 **4.417**	3.406 **4.438**	3.419 **4.456**	3.431 **4.474**	3.442 **4.490**
120	3.377 **4.351**	3.394 **4.372**	3.409 **4.392**	3.423 **4.410**	3.435 **4.426**
∞	3.363 **4.285**	3.382 **4.307**	3.399 **4.327**	3.414 **4.345**	3.428 **4.363**

18	19	20	30	50	100
17.97	17.97	17.97	17.97	17.97	17.97
90.03	**90.03**	**90.03**	**90.03**	**90.03**	**90.03**
6.085	6.085	6.085	6.085	6.085	6.085
14.04	**14.04**	**14.04**	**14.04**	**14.04**	**14.04**
4.516	4.516	4.516	4.516	4.516	4.516
8.321	**8.321**	**8.321**	**8.321**	**8.321**	**8.321**
4.033	4.033	4.033	4.033	4.033	4.033
6.756	**6.756**	**6.756**	**6.756**	**6.756**	**6.756**
3.814	3.814	3.814	3.814	3.814	3.814
6.074	**6.074**	**6.074**	**6.074**	**6.074**	**6.074**
3.697	3.697	3.697	3.697	3.697	3.697
5.703	**5.703**	**5.703**	**5.703**	**5.703**	**5.703**
3.626	3.626	3.626	3.626	3.626	3.626
5.472	**5.472**	**5.472**	**5.472**	**5.472**	**5.472**
3.579	3.579	3.579	3.579	3.579	3.579
5.317	**5.317**	**5.317**	**5.317**	**5.317**	**5.317**
3.547	3.547	3.547	3.547	3.547	3.547
5.206	**5.206**	**5.206**	**5.206**	**5.206**	**5.206**
3.526	3.526	3.526	3.526	3.526	3.526
5.122	**5.124**	**5.124**	**5.124**	**5.124**	**5.124**
3.510	3.510	3.510	3.510	3.510	3.510
5.054	**5.057**	**5.059**	**5.061**	**5.061**	**5.061**
3.499	3.499	3.499	3.499	3.499	3.499
4.998	**5.002**	**5.006**	**5.011**	**5.011**	**5.011**
3.490	3.490	3.490	3.490	3.490	3.490
4.950	**4.956**	**4.960**	**4.972**	**4.972**	**4.972**
3.485	3.485	3.485	3.485	3.485	3.485
4.910	**4.916**	**4.921**	**4.940**	**4.940**	**4.940**
3.481	3.481	3.481	3.481	3.481	3.481
4.874	**4.881**	**4.887**	**4.914**	**4.914**	**4.914**
3.478	3.478	3.478	3.478	3.478	3.478
4.844	**4.851**	**4.858**	**4.890**	**4.892**	**4.892**
3.476	3.476	3.476	3.476	3.476	3.476
4.816	**4.824**	**4.832**	**4.869**	**4.874**	**4.874**
3.474	3.474	3.474	3.474	3.474	3.474
4.792	**4.801**	**4.808**	**4.850**	**4.853**	**4.858**
3.472	3.473	3.474	3.474	3.474	3.474
4.771	**4.780**	**4.788**	**4.833**	**4.845**	**4.845**
3.470	3.472	3.473	3.474	3.474	3.474
4.751	**4.761**	**4.769**	**4.818**	**4.833**	**4.833**
3.460	3.466	3.470	3.486	3.486	3.486
4.628	**4.640**	**4.650**	**4.721**	**4.772**	**4.777**
3.456	3.463	3.469	3.500	3.504	3.504
4.566	**4.579**	**4.591**	**4.671**	**4.740**	**4.764**
3.451	3.460	3.467	3.515	3.537	3.537
4.504	**4.518**	**4.530**	**4.620**	**4.707**	**4.765**
3.446	3.457	3.466	3.532	3.585	3.601
4.442	**4.456**	**4.469**	**4.568**	**4.673**	**4.770**
3.442	3.454	3.466	3.550	3.640	3.735
4.379	**4.394**	**4.408**	**4.514**	**4.635**	**4.776**

付表6 χ^2分布表

自由度	有意水準の確率					
	0.995	0.990	0.975	0.950	0.900	0.750
1	....	....	....	....	0.02	0.10
2	0.01	0.02	0.05	0.10	0.21	0.58
3	0.07	0.11	0.22	0.35	0.58	1.21
4	0.21	0.30	0.48	0.71	1.06	1.92
5	0.41	0.55	0.83	1.15	1.61	2.67
6	0.68	0.87	1.24	1.64	2.20	3.45
7	0.99	1.24	1.69	2.17	2.83	4.25
8	1.34	1.65	2.18	2.73	3.49	5.07
9	1.73	2.09	2.70	3.33	4.17	5.90
10	2.16	2.56	3.25	3.94	4.87	6.74
11	2.60	3.05	3.82	4.57	5.58	7.58
12	3.07	3.57	4.40	5.23	6.30	8.44
13	3.57	4.11	5.01	5.89	7.04	9.30
14	4.07	4.66	5.63	6.57	7.79	10.17
15	4.60	5.23	6.27	7.26	8.55	11.04
16	5.14	5.81	6.91	7.96	9.31	11.91
17	5.70	6.41	7.56	8.67	10.09	12.79
18	6.26	7.01	8.23	9.39	10.86	13.68
19	6.84	7.63	8.91	10.12	11.65	14.56
20	7.43	8.26	9.59	10.85	12.44	15.45

(Snedecor & Cochran, 1967)

0.500	0.250	0.100	0.050	0.025	0.010	0.005
0.45	1.32	2.71	3.84	5.02	6.63	7.88
1.39	2.77	4.61	5.99	7.38	9.21	10.60
2.37	4.11	6.25	7.81	9.35	11.34	12.84
3.36	5.39	7.78	9.49	11.14	13.28	14.86
4.35	6.63	9.24	11.07	12.83	15.09	16.75
5.35	7.84	10.64	12.59	14.45	16.81	18.55
6.35	9.04	12.02	14.07	16.01	18.48	20.28
7.34	10.22	13.36	15.51	17.53	20.09	21.96
8.34	11.39	14.68	16.92	19.02	21.67	23.59
9.34	12.55	15.99	18.31	20.48	23.21	25.19
10.34	13.70	17.28	19.68	21.92	24.72	26.76
11.34	14.85	18.55	21.03	23.34	26.22	28.30
12.34	15.98	19.81	22.36	24.74	27.69	29.82
13.34	17.12	21.06	23.68	26.12	29.14	31.32
14.34	18.25	22.31	25.00	27.49	30.58	32.80
15.34	19.37	23.54	26.30	28.85	32.00	34.27
16.34	20.49	24.77	27.59	30.19	33.41	35.72
17.34	21.60	25.99	28.87	31.53	34.81	37.16
18.34	22.72	27.20	30.14	32.85	36.19	38.58
19.34	23.83	28.41	31.41	34.17	37.57	40.00

付表6 のつづき

自由度	有意水準の確率					
	0.995	0.990	0.975	0.950	0.900	0.750
21	8.03	8.90	10.28	11.59	13.24	16.34
22	8.64	9.54	10.98	12.34	14.04	17.24
23	9.26	10.20	11.69	13.09	14.85	18.14
24	9.89	10.86	12.40	13.85	15.66	19.04
25	10.52	11.52	13.12	14.61	16.47	19.94
26	11.16	12.20	13.84	15.38	17.29	20.84
27	11.81	12.88	14.57	16.15	18.11	21.75
28	12.46	13.56	15.31	16.93	18.94	22.66
29	13.12	14.26	16.05	17.71	19.77	23.57
30	13.79	14.95	16.79	18.49	20.60	24.48
40	20.71	22.16	24.43	26.51	29.05	33.66
50	27.99	29.71	32.36	34.76	37.69	42.94
60	35.53	37.48	40.48	43.19	46.46	52.29
70	43.28	45.44	48.76	51.74	55.33	61.70
80	51.17	53.54	57.15	60.39	64.28	71.14
90	59.20	61.75	65.65	69.13	73.29	80.62
100	67.33	70.06	74.22	77.93	82.36	90.13

0.500	0.250	0.100	0.050	0.025	0.010	0.005
20.34	24.93	29.62	32.67	35.48	38.93	41.40
21.34	26.04	30.81	33.92	36.78	40.29	42.80
22.34	27.14	32.01	35.17	38.08	41.64	44.18
23.34	28.24	33.20	36.42	39.36	42.98	45.56
24.34	29.34	34.38	37.65	40.65	44.31	46.93
25.34	30.43	35.56	38.89	41.92	45.64	48.29
26.34	31.53	36.74	40.11	43.19	46.96	49.64
27.34	32.62	37.92	41.34	44.46	48.28	50.99
28.34	33.71	39.09	42.56	45.72	49.59	52.34
29.34	34.80	40.26	43.77	46.98	50.89	53.67
39.34	45.62	51.80	55.76	59.34	63.69	66.77
49.33	56.33	63.17	67.50	71.42	76.15	79.49
59.33	66.98	74.40	79.08	83.30	88.38	91.95
69.33	77.58	85.53	90.53	95.02	100.42	104.22
79.33	88.13	96.58	101.88	106.63	112.33	116.32
89.33	98.64	107.56	113.14	118.14	124.12	128.30
99.33	109.14	118.50	124.34	129.56	135.81	140.17

付表7　相関係数の有意値表（Steel & Torrie, 1960）

自由度	P	独立変数				自由度	P	独立変数			
		1	2	3	4			1	2	3	4
1	.05	.997	.999	.999	.999	24	.05	.388	.470	.523	.562
	.01	1.000	1.000	1.000	1.000		.01	.496	.565	.609	.642
2	.05	.950	.975	.983	.987	25	.05	.381	.462	.514	.553
	.01	.990	.995	.997	.998		.01	.487	.555	.600	.633
3	.05	.878	.930	.950	.961	26	.05	.374	.454	.506	.545
	.01	.959	.976	.983	.987		.01	.478	.546	.590	.624
4	.05	.811	.881	.912	.930	27	.05	.367	.446	.498	.536
	.01	.917	.949	.962	.970		.01	.470	.538	.582	.615
5	.05	.754	.836	.874	.898	28	.05	.361	.439	.490	.529
	.01	.874	.917	.937	.949		.01	.463	.530	.573	.606
6	.05	.707	.795	.839	.867	29	.05	.355	.432	.482	.521
	.01	.834	.886	.911	.927		.01	.456	.522	.565	.598
7	.05	.666	.758	.807	.838	30	.05	.349	.426	.476	.514
	.01	.798	.855	.885	.904		.01	.449	.514	.558	.591
8	.05	.632	.726	.777	.811	35	.05	.325	.397	.445	.482
	.01	.765	.827	.860	.882		.01	.418	.481	.523	.556
9	.05	.602	.697	.750	.786	40	.05	.304	.373	.419	.455
	.01	.735	.800	.836	.861		.01	.393	.454	.494	.526
10	.05	.576	.671	.726	.763	45	.05	.288	.353	.397	.432
	.01	.708	.776	.814	.840		.01	.372	.430	.470	.501
11	.05	.553	.648	.703	.741	50	.05	.273	.336	.379	.412
	.01	.684	.753	.793	.821		.01	.354	.410	.449	.479
12	.05	.532	.627	.683	.722	60	.05	.250	.308	.348	.380
	.01	.661	.732	.773	.802		.01	.325	.377	.414	.442
13	.05	.514	.608	.664	.703	70	.05	.232	.286	.324	.354
	.01	.641	.712	.755	.785		.01	.302	.351	.386	.413
14	.05	.497	.590	.646	.686	80	.05	.217	.269	.304	.332
	.01	.623	.694	.737	.768		.01	.283	.330	.362	.389
15	.05	.482	.574	.630	.670	90	.05	.205	.254	.288	.315
	.01	.606	.677	.721	.752		.01	.267	.312	.343	.368
16	.05	.468	.559	.615	.655	100	.05	.195	.241	.274	.300
	.01	.590	.662	.706	.738		.01	.254	.297	.327	.351
17	.05	.456	.545	.601	.641	125	.05	.174	.216	.246	.269
	.01	.575	.647	.691	.724		.01	.228	.266	.294	.316
18	.05	.444	.532	.587	.628	150	.05	.159	.198	.225	.247
	.01	.561	.633	.678	.710		.01	.208	.244	.270	.290
19	.05	.433	.520	.575	.615	200	.05	.138	.172	.196	.215
	.01	.549	.620	.665	.698		.01	.181	.212	.234	.253
20	.05	.423	.509	.563	.604	300	.05	.113	.141	.160	.176
	.01	.537	.608	.652	.685		.01	.148	.174	.192	.208
21	.05	.413	.498	.522	.592	400	.05	.098	.122	.139	.153
	.01	.526	.596	.641	.674		.01	.128	.151	.167	.180
22	.05	.404	.488	.542	.582	500	.05	.088	.109	.124	.137
	.01	.515	.585	.630	.663		.01	.115	.135	.150	.162
23	.05	.396	.479	.532	.572	1,000	.05	.062	.077	.088	.097
	.01	.505	.574	.619	.652		.01	.081	.096	.106	.115

注）P：有意水準の確率

参照文献

1) 秋元浩一（1998）農学・生物学の統計分析大要. 養賢堂. 215p.
2) Burington, R. S. & May, D. C.（1970）Handbook of Probability and Statistics with Tables. McGrow-Hill, New York. 434p.
3) Cochran, W. G. and Cox, G, M.（1957）Experimental Designs. John Wiley & Sons, Inc. London. 611p.
4) Fisher, R. A.（1925）Statistical Methods for Research Workers. Oliver and Boyd, London.（遠藤健児・鍋谷清治共訳, 研究者のための統計的方法. 森北出版. 326p.）
5) Fisher, R. A.（1935）The Design of Experiments. Oliver and Boyd, London.（遠藤健児・鍋谷清治共訳, 実験計画法. 森北出版. 266p.）
6) Hoel, P. G.（1960）Elementary Statistics. John Wiley & Sons, N.Y.（浅井晃・村上正康共訳, 初等統計学. 培風館. 264p.）
7) 石村貞夫（1998）すぐわかる統計解析. 東京図書. 204p.
8) 川久保勝夫（1999）なっとくする行列・ベクトル. 講談社. 251p.
9) Mather, K.（1951）Statistical Analysis in Biology. Methuem & Co. London.（小川潤次郎・山本純恭共訳, メーサー生物統計学. 朝倉書店. 319p.）
10) 三土修平（1997）初歩からの多変量統計. 日本評論社. 442p.
11) 蓑谷千凰彦（1985）回帰分析のはなし. 東京図書. 325p.
12) 永田 靖（2000）入門実験計画法. 日科技連. 386p.
13) 中村義作（1997）よくわかる実験計画法. 近代科学社. 191p.
14) 奥野忠一・芳賀敏郎（1969）実験計画法. 培風館. 303p.
15) 大村 平（1996）実験計画と分散分析. 日科技連. 218p.
16) John, Peter, W. M.（1971）Statistical Design and Analysis of Experiments. The Macmillan Co. N.Y. 356p.
17) Kempthorne, O.（1952）The Design and Analysis of Experiments. John Wiley & Sons, Inc. London. 631p.
18) Snedecor, G. W. & Cochran, W. G,（1967）Statistical Methods. Iowa State Univ. Press, Ames, Iowa 593p.
19) Steel, G. D. & Torrie, J. H.（1960）Principles and Procedures of Statistics. McGrow-Hill, New York. 481p.
20) 鳥居泰彦（1998）はじめての統計学. 日本経済新聞社. 260p.

おわりに

　生物科学の実験や調査では，どんなに慎重に材料や標本を選んで，注意深く実験や調査の条件を整えても，実験・調査者の不注意や人知の及ばない原因により，必然的に系統的でないランダムな誤差が発生する．とくに，農作物などの重要特性の多くが微少な作用をもつポリジーンによって支配されており，個々の遺伝子が環境要因と複雑に働き合って発現する．このため，ポリジーンと環境要因との相互作用による変動も誤差の発生要因となる．

　このように，生物科学の実験・調査に必然的に伴う誤差は，実験材料の慎重な選定や実験環境の注意深い管理によって，極力縮小して実験・調査の精度を高めることが科学者の責任である．この責任をおろそかにして，誤差の大きい実験や調査を行って，不利になるのは実験・調査者自身である．誤差が大きく精度の低い実験や調査では，処理（因子）の効果が出ているにもかかわらず，それを検出できないことになる．その理由は，本書を学習された諸兄には，すでに十分に理解されていることであろう．

　本書では，統計解析の方法を先に説明し，そのあとで実験計画を論じた．実験計画の考え方や方法を理解する上では，統計学の知見が必要であるからである．現実の手順としては，実験計画が先で，実験や調査で得られるデータを統計的に解析する．適切な実験計画を立てて，その計画に合った統計解析を行わなければ，実験結果を正当に解釈し，正しい結論を引き出すことはできない．

　適切な実験計画によりランダムでない系統的な誤差を縮減し，実験計画に合った統計解析を行えば，実験誤差を正しく評価することができる．実験誤差をベースにして，処理の効果や因子の影響によるデータの変動を統計的に検定する．したがって，実験誤差を正しく評価できないと，結論を誤ることになる．

　実験誤差を必然的に伴う生物科学の実験・調査には，実験計画と統計解析が不可欠である．実験計画や統計解析の理論と方法は，前世紀の前半にほぼ

完成しており，パソコンが普及し情報科学の発展した今日では，誰でもが簡便に統計解析を行うことができるようになった．

　しかし，現実の農業技術の開発や農産物の品質管理に，統計学的な手法が十分に活用されているとは言いきれない．生き物を相手にする農業生産や農産物の品質管理にこそ統計学的手法を駆使して，農業生産技術の再現性と信頼性ならびに農産物の品質の向上に努めるべきではないだろうか．

～用語解説～

1因子（2因子）実験‥いちいんし（にいんし）じっけん
　一（または二）つの因子または1（または2）種類の処理をとりあげ，その中にいくつかの水準を設けて行われる実験．

一元配置実験‥いちげんはいちじっけん
　処理（または因子）が1種類で，複数の水準を設けて行う実験．一元配置実験で得られるデータを一重分類データという．最も単純な構造の実験計画であるが，汎用性があり，いろいろな実験や調査で用いられる．

一次回帰式‥いちじかいきしき
　二つの変数（XとY）の間の関係を表す式で，原因となる独立変数Xから，結果となる従属変数Yを予測するのに使われる．$Y = a + bX$で表され，直角に交わるX（横）軸とY（縦）軸が作る平面上の直線で，aはY軸の切片，bは直線の勾配で回帰係数と名付けられている．一次回帰直線は，両変数の平均値（Xm, Ym）を通ることから，$a = Ym - bXm$となる．

一次（二次）因子‥いちじ（にじ）いんし
　分割区法実験において，大区画に割り付けられる因子を一次因子，大区画の中の小区画に割り付けられる因子を二次因子という．一次因子よりも二次因子の方が自由度が大きくなるため，因子のわずかな効果を検出できる．

一次直線（線形）効果‥いちじちょくせん（せんけい）こうか
　観測データを直線的に増加または減少させる処理水準の効果．3^n型直交配列実験における処理の主効果の一つ．

一次誤差‥いちじごさ
　分割区法実験において，大区画に割り付けられる処理（因子）の検定に用いられる誤差であり，その処理と反復との相互作用が当てられる．

一重分類データ‥いちじゅうぶんるいでーた
　一元配置実験などで得られるデータの形式で，行または列のいずれか一方向の分類だけが有効で，もう一方向の合計や平均は意味を持たない．

遺伝率（遺伝力）‥いでんりつ
　表面に現れる形質の表現型の変動（分散）のうち，遺伝子型（またはゲノム）効果による変動（分散）の割合．一般に，少数（通常1対）の作用の大きい遺伝子によって発現する形や色などの質的形質は，遺伝率が高く，作用の小さい多数のポリジーンに支配されている草丈や子実数などの量的形質は，遺伝率が低い．

因子‥いんし
　科学的実験や調査において，観測する特性値の差異や変動の原因となる要因．たとえば，作物の収量の変動に影響をあたえる気温や日照など．

F検定‥えふけんてい
　異なる母集団から無作為に取り出された二つの標本の分散s_1^2（通常は，処理による分散）とs_2^2（誤差分散）が等しい，すなわち，分散比を1とする帰無仮説を設定

〜用語解説〜

する．そして，標本データから求めた分散比 $Fc = s_1^2/$ と s_2^2 と F 分布表の有意水準 α における自由度（λ_1, λ_2）に対応する F 値（$F\alpha$）とを比較する．$Fc > F\alpha$ ならば，帰無仮説を棄却して「処理の効果あり」と判定する．逆に，$Fc \leq F\alpha$ ならば，仮説は棄却できない．実際の分散分析などでは，特定の要因の影響や処理の効果による分散と誤差による分散とを比較して，前者と後者の比が1より大のとき，要因の影響や処理の効果があると判断する．

F 分 布‥えふぶんぷ

連続的確率分布の一つ．異なる正規分布母集団から無作為に抽出される n_1 個ならびに n_2 個の標本から計算される標本分散 s_1^2 と s_2^2 の比は，自由度が $n_1 - 1$ と $n_2 - 1$ の F 分布をする．分散分析などの分散比の統計的検定に用いられる．

回帰係数‥かいきけいすう

因果関係のある変数の間で，原因となる独立変数が1単位変化した時の結果となる従属変数の変化量．回帰直線の勾配．

階級(代表)値‥かいきゅう（だいひょう）ち

観測データをいくつかの階級（範囲）にわけて分類するときに，各階級に与えられる代表値（通常は中央値）をいう．たとえば，5.0〜5.9 の範囲を一つの階級とする場合，中央値に近い 5.5 を階級（代表）値とする．

χ^2 検 定‥かいじじょうけんてい

理論値がわかっている場合，理論値と観測値とのずれの程度を調べる統計的検定．メンデルの遺伝の法則による理論的分離比に対する観測値の適合程度の検定

や二次元表の均一性の検定などに活用されることが多い．

χ^2 分 布‥かいじじょうぶんぷ

連続的確率分布の一つ．正規分布：$N(\mu, \sigma^2)$ する母集団から無作為に取り出された n 個の標本変数を標準化した値 $Z_i = (X_i - Xm)/\sigma$ の平方和 ΣZ_i^2 は，自由度 n の χ^2 分布をする．したがって，標本の偏差平方和と母分散の比 $(n-1)s^2/\sigma^2$ が χ^2 分布するとも言える．この確率分布は，理論値が分かっていて，それらと観測値とのずれを統計的に検定する場合に利用される．

開放受粉‥かいほうじゅふん

植物に本来備わったやり方で，自然にまかせて行われる受粉．雌雄性の分化，花の構造，花粉媒介生物の存否などにより，自家受粉から他家受粉まで，いろいろな段階がある．

確 率‥かくりつ

事象（事柄や現象）の起こる確からしさ．起こりうる全事象数のうちで，特定の事象の起こる割合とも言える．確率は，0〜1 の間の実数または，それを100倍して%として表される．100円硬貨を無作為に投げて，表のでる理論的確率は 0.5（または 50 %）である．これを P（表）= 0.5 と書く．硬貨投げでは，起こりうる事象は，表と裏の二つであり，そのうち，表の出方は一つであるから，$1/2 = 0.5$ となる．実際の硬貨投げにおいて，20回投げて12回表が出た場合，経験的確率が $12/20 = 0.6$（または 60 %）であるという．

確率分布（確率密度関数）‥かくりつぶんぷ

横軸に確率変数の変域，縦軸に確率密

度を目盛って描いた曲線．相対頻度分布の究極の理論的分布と考えることができる．偶然的な要因により変動する確率変数は，特有の確率分布をもつ．確率分布を使って，確率変数の一定の変域に対応する確率を求めることができる．たとえば，ある確率分布が $f(x)$ という関数で表されるとき，確率変数の変域 x_1～x_2 に対応する確率は，$f(x)$ を x_1 から x_2 まで積分して求めることができる．このため，$f(x)$ を確率密度関数ともいう．

確率変数‥かくりつへんすう

自然界の多くの偶発的な事象（事柄や現象）といえども，その発生頻度は，統計的規則性を有し，一定の分布（すなわち確率分布）にしたがって変化する．このような偶発的な事象の起こる度数の相対値（全度数の中でしめる割合）は，中心的傾向を示す特性値としての平均と，それを中心に正負の両方向のばらつきを示す特性値としての分散（または，その平方根である標準偏差）によって特徴づけられる．このような確率分布に従って変化する数量を確率変数という．サイコロの目や硬貨の表と裏のように，整数値の範囲で不連続に変化する確率変数を離散的確率変数（離散変数）といい，長さ，重さ，時間などの実数値で連続的に変化する確率変数を連続的確率変数（連続変数）という．

完全実施‥かんぜんじっし

直交配列実験において，処理と水準とのすべてを組合せた全試験区を設定すること．完全実施の直交配列実験では，処理の種類数を n とすると，2水準実験では 2^n，3水準実験では 3^n 種類の試験区を作る必要がある．このため，処理数が多なると，完全実施実験に必要な試験区数は，指数的に急激に増加する．

完全任意（無作為）配列‥かんぜんにんい（むさくい）はいれつ

n種の処理・水準と r 回の繰返しを組み合わせて，$n \times r$ 個の試験区を作り，それらを全く無作為（ランダム）に配列（配置）する実験計画．反復（ブロック）の中に処理水準セットを設ける乱塊法や大処理区の中に小処理区を設ける分割区法とは異なり，試験（実験）区が全くランダムに配列される．

外（内）挿予測‥がい（ない）そうよそく

回帰式を用いて，原因となる独立変数の変化から結果となる従属変数の変化を予測する際には，独立変数の変域の範囲内で行う予測を内挿予測といい，その範囲外まで予測を拡大することを外挿予測いう．外挿予測の精度は，著しく低くなるので，一般には行われない．

幾何平均‥きかへいきん

データを加え合わせてデータの数で割ると，通常の平均（算術平均）が計算できる．たとえば，aとbの二つの算術平均は，aとbの和を2で割って，$(a+b)/2$ となる．これに対して，幾何平均は，aとbをかけ合わせた積を平方に開いて，$(a \times b)^{1/2}$ で計算できる．幾何平均の対数をとると，$\log(a \times b)^{1/2} = (\log a + \log b)/2$ となり，対数変換した数値の算術平均であることがわかる．

期待値‥きたいち

標本観測値（または計測値）に対する理論値ともいえる．標本数を無限に多くし

～用語解説～

たときに期待される値．たとえば，標本平均の期待値 E(Xm) は母平均 (μ) であり，標本分散の期待値 E(s^2) は，母分散 (σ^2) となる．

帰無仮説‥きむかせつ

　統計検定を行うときに設定する仮説．統計検定では，統計の理論やモデルに基づき，処理や因子により生ずる平均値の差や処理による分散と誤差分散との間に有意な差異がないという仮説を立てる．そして，この仮説が棄却されたとき，要因の影響や処理の効果があると判定する．すなわち，仮説を棄却する（無に帰する）ことを予想して，統計検定が行われる．

共分散‥きょうぶんさん

　二つの変数の間の関係の密接度を表す統計量の一つ．それぞれの変数の観測値と平均値との偏差をかけ合わせて加えた偏差積和を自由度で割った値．$\Sigma_i (X_i - Xm)(Y_i - Ym)/(n-1)$ で計算される．相関係数や回帰係数の分子となる．

共分散分析‥きょうぶんさんぶんせき

　生物実験などにおいて，何らかの災害など不測の原因により観測データ（Y）が乱された場合，災害による被害の程度を表す付随データ（X）をとっておいて，X に対する回帰を用いて Y を補正する統計的分析手法．

局所管理‥きょくしょかんり

　イギリスの統計学者 R.A.Fisher が提起した実験計画の基本的概念の一つ．実験環境に異質性がある場合，環境をいくつかのブロックに分け，ブロック内の環境条件をできるだけ均質なるように局所的に管理して，ブロックごとに反復を割り付ける．こうすることにより，ブロック間の環境変動に伴う分散を分離して，誤差分散を縮小できる．

区間推定‥くかんすいてい

　母平均などのパラメータを推定するにあたって，標本平均を含む一定の区間を定め，その区間に母平均が含まれる確率を付して行う推定．

組合せ‥くみあわせ

　n 個の互いに区別できるものの中から，順序を考えない場合の i 個のとりだし方の数．数式としては，${}_nC_i = n!/(n-i)!i!$ で計算できる．

繰返し‥くりかえし

　生物科学実験において，誤差分散を評価して統計的検定を行う為に，処理・水準内で，複数の実験単位を設けること．実験全体を繰り返したり，複数の処理セットを設けるいわゆる反復と区別して用いる．

クローン‥くろーん

　栄養系統ともいう．挿木，接木，塊茎根，球根などの栄養体による無性繁殖で作られる系統．最近のバイオテクノロジーの進歩により，体細胞から植物体を再生してクローンを作ることもできるようになっている．

偶然誤差‥ぐうぜんごさ

　人為的には管理できない偶然的な原因により発生する実験誤差．たとえば，生育環境の微妙な差異や環境要因間の複雑な働き合いにより発生する誤差，あるいは計測や観測に伴う測定誤差など．

グリッド方式‥ぐりっどほうしき

　植物の育種において，環境条件が均等

でない広い圃場に栽培されている雑種集団の中から，遺伝的能力のすぐれた植物を効率的に選抜するために，圃場を多数のグリッド（格子状区画）に分けて，それぞれのグリッドの中から，最もすぐれた特性をもつ植物を選ぶ方式．この選抜方式には，一元配置実験の原理が巧みに活かされている．

系統誤差・・けいとうごさ

実験環境の不均一性や不手際な実験管理などの系統的原因により発生する実験誤差．たとえば，試験区の配列，不均一な処理，不十分な実験環境の管理などにより発生する一定の方向性もち管理可能な誤差．

系統適応性検定試験・・けいとうてきおうせいけんていしけん

育種により開発されるイネやコムギなどの新系統がどの地域によく適応するかを確認する目的で行われる実証実験．従来の品種に比較して，いずれの新系統がどのような地域に適応するかを調べる．

誤差分散・・ごさぶんさん

実験誤差によるデータのばらつき．誤差分散は，実験精度のめやすとなるばかりでなく，分散分析などにおいては，処理の効果や因子の影響によるデータの分散を誤差分散と比較して，それらの有意性を検定する．誤差分散は，実験材料の慎重な選定や実験環境の注意深い管理など，実験者の心がけや工夫により，縮小することができる．

最小2乗法・・さいしょうじじょうほう

回帰式の計算などにおいて，観測値と期待値（理論値）との偏差を最小にするため，偏微分方程式を解くことにより，回帰式の定数項や回帰係数を求める数学的方法である．

最小有意差（LSD）・・さいしょうゆういさ

標準誤差に一定の有意水準 α における自由度に対応する t 値（t_α）を乗じた値．数式としては，$t_\alpha \cdot s_{Xm}$ となる．平均値の区間推定や二つの標本平均値の差の有意性の検定などに活用される．

最小有意範囲（LSR）・・さいしょうゆういはんい

三つ以上の平均値の間の多重比較検定において，有意性の判定の基準となる平均値の差異の範囲を決める値．Duncanの提案したSSR係数（スチュウデント化された有意範囲）に標準誤差を乗じて求める．

三元配置実験・・さんげんはいちじっけん

3種類の異なる処理（または因子）を組合せて行う実験．反復と処理の相互作用や高次相互作用を誤差として活用する．

質的因子・・しつてきいんし

水準を不連続的にしか設定できない因子または処理．たとえば，品種や系統の種類や年次，場所など．

質的形質・・しつてきけいしつ

植物の形や色のように，中間がなく不連続的に変異する形質．メンデルは遺伝法則の発見では，エンドウマメの種子の形や子葉の色などの質的形質の遺伝を調べたことが成功要因の一つとされている．一般に質的形質は，1対（あるいはごく少数対）の作用の大きな主働遺伝子に支配されており，遺伝分析がやりやすい．

主効果・・しゅこうか

科学実験や調査において，処理や因子

～用語解説～

が観測の対象となる特性値の変化に及ぼす直接的効果．たとえば，作物栽培における窒素質肥料の収量向上に与える直接的効果など．

奨励品種決定試験‥しょうれいひんしゅけっていしけん

イネやコムギの育種により育成された新品種の中から，道府県ごとに農家に奨励する品種を決めるために実施される実証実験．地域ごとの熟期別の奨励品種と新品種の収量，品質，環境耐性などの農業上重要な特性を比較し，いずれの特性に関して，新品種が従来の奨励品種に優っているかを明らかにする．

処理‥しょり

実験で観測の対象となる特性値を変化させるために，実験材料に施される人為的操作．たとえば，施肥や農薬散布などの処理により，作物の生育促進効果や病害虫の防除効果を確かめる実験が行われる．また，作物品種の特性を比較調査する実験などでは，品種それ自体が処理とみなされる．

信頼区間‥しんらいくかん

母集団の母平均などの推定にあたり，一定の信頼度（通常は95％あるいは99％の確率）付きで設定する範囲．標本平均値の前後に一定の区間を設定し，その区間に推定すべき母平均が含まれない確率が5％あるいは1％以下となるようにする．これが有意水準である．

実証実験‥じっしょうじっけん

新技術や新品種の普及のために，新たな技術や品種を従来の技術や標準品種と比較する実証的実験．新旧の技術や品種の特性を綿密に比較検討して，新技術や新品種の特徴を明らかにする．

実験計画‥じっけんけいかく

科学実験において，実験材料の選定や実験方法などを工夫して，実験に伴う誤差を的確に評価して，実験の精度を高める統計的手法．前世紀の初頭にイギリスの統計学者 R.A.Fisher が標本の無作為抽出，実験区の無作為配置，実験環境の局所管理，実験誤差の評価，統計的検定などの考え方を基にして，実験計画の概念と基礎を築いた．実験計画が適切でないと，同じ資材，労力，時間を費やしても，必要な情報を得ることができないばかりでなく，系統的な誤差が発生して，実験の精度を落とすことになりかねない．

実験誤差‥じっけんごさ

生物を材料とする実験では，人為的に管理できない要因や微妙な環境の違いに対する生物の反応などにより，あるいは，測定や調査に伴って，観測値がいろいろな方向に振れる．このように実験材料，実験条件，測定・調査のやり方などにより発生する方向性のない細かな観測値の振れが実験誤差となる．均質な実験材料を選んで，注意深く実験条件を管理することにより，実験誤差を縮減できる．統計解析では，実験誤差を的確に評価できるが，実験誤差を縮小することはできない．

実験精度‥じっけんせいど

実験の精密度ともいえる．実験精度は，実験誤差の逆数で評価でき，実験誤差が小さいほど高く，実験誤差が大きいほど低くなる．精度の高い実験では，実験誤

差が小さく，実験で確かめようとする処理の効果によるわずかな特性値の変化を検出できる．実験精度を高めるには，実験材料の選定，実験環境の管理，適切な実験計画など，実験者の技量と心がけが重要である．統計的解析では，実験誤差（または実験精度）の評価はできるが，実験誤差を縮小して実験の精度を高めることはできない．

実験単位‥‥じっけんたんい

科学実験や調査において，因子の影響（または，処理の効果）の及ぶ最小の調査・測定単位．植物の集団，個体，組織，細胞など．

重回帰式‥‥じゅうかいきしき

原因となるn個（二つ以上）の独立変数（$X1, X2, ‥, Nn$）の線形結合として結果となる従属変数（Y）を表したn次元一次式．$Y = a + b_1X1 + b_2X2 + ‥ + b_nXn$．この重回帰式を用いて，n個の独立変数の変化から，従属変数の変化を予測することができる．

重相関‥‥じゅうそうかん

二つの変数の間の相関関係を単相関というのに対して，三つ以上の変数の間の相関関係を重相関という．単相関は，観測値Y_iとその期待値$E(Y_i) = a + bX_i$との間の相関関係であり，重相関は，Y_iとその期待値$E(Y_i) = a + b_1X1_i + b_2X2_i + ‥ + b_nXn_i$とのとの間の相関関係である．

従属変数‥‥じゅうぞくへんすう

因果関係のある変数の間で，結果となる変数をいい，結果変数ともいう．原因となる独立変数の一次関数となる．両者の関係は，独立変数が一つのときは，単回帰式，独立変数が複数のときは，重回帰式として表すことができる．

自由度‥‥じゆうど

標本数から推定する母数の個数を差し引いた値．原則として，母数を一つ推定するごとに，自由度が1失われる．たとえば，標本データから偏差平方和を計算するには，標本平均値を使う．このとき，母数の一つである母平均を推定しているので，自由度が1失なわれることになる．したがって，分散の計算にあたって，偏差平方和を割る自由度は，標本数nから1を差し引いたn−1となる．また，相関係数や回帰係数の計算には，標本平均と標本分散が使われ，母平均と母分散の二つの母数を推定することになるので，自由度は2失われる．このため，これらの係数の検定に必要な自由度は，標本数nから2を差し引いたn−2となる．また，分散分析では，全体の自由度を処理（因子）ごとの主効果，それらの間の相互作用効果などに分割することができる．同様の原理により，偏差平方和を分割し，対応する自由度で割ると要因別の分散が求められる．

純系‥‥じゅんけい

遺伝的に純粋な系統の意味．自家受粉などの自殖を繰り返すことにより，すべての遺伝子座がホモ接合性（両親から同じ対立遺伝子を引き継いだ状態）となった系統をいう．たとえば，ある地域で長い間自家受粉により自殖を繰り返した地方品種は，純系の集まりとなっている．

順列‥‥じゅんれつ

幾つかのもののうち，二つ以上のもの

~用語解説~

を1列にならべる配列の仕方．n個の中からi個を1列に並べる方法は，$_nP_i = n!/(n-i)!$通りある．

水準‥すいじゅん
　科学実験や調査において，観測値に変化を与える要因や処理の種類．たとえば，施肥水準，組織培養の温度段階，培地に添加するホルモンの濃度，異なる種類の品種など．

スカラー‥すからー
　大きさだけをもつ数量．大きさと方向を合わせもつベクトルと対比して，便宜的に用いられる用語である．たとえば，実数のようなスカラーは，直線上の点の集合として定義される．しかし，空間上の点の集合と考えると，スカラーが一次空間（直線），二次元ベクトルが二次空間（直線），三次元（または，多次元）ベクトルは三次（多次）空間上の点の集合として考えることができる．

正規分布‥せいきぶんぷ
　最も普遍的な連続的確率分布（確率密度関数）の一つ．この分布は，中央に山のある左右対称の釣り鐘型をしており，平均が分布の中心，分散が分布の広がりを決めている．平均と分散の二つの母数（パラメータ）が正規分布を特徴づけている．無作為な誤差をともなう変量は，正規分布をする場合が多い．元の母集団が正規分布とは異なる分布をしている場合でも，それからとり出された無作為標本の平均値は，正規分布することが知られている．このことが，正規分布の普遍性をさらに大きくしている．$N(\mu, \sigma^2)$と表記することもある．変数Xが正規分布することを$X \in N(\mu, \sigma^2)$と書き表すこともある．

正規母集団‥せいきぼしゅうだん
　正規分布する変数から構成される母集団．

生産力検定試験‥せいさんりょくけんていしけん
　作物の新品種の性能を従来の品種と比較したり，ある特定の地域に適した品種を選定したりする場合に，いくつかの品種を供試して収量，品質，病害虫抵抗性，環境耐性などを調べる実証実験．場所や年度を変えて品種の反応を詳しく調べるため，乱塊法による実験が行われることが多い．

相加効果‥そうかこうか
　特定の遺伝子座において，ある対立遺伝子が，ほかの対立遺伝子に置換されることにより発生する遺伝的効果．たとえば，$A-a$遺伝子座の相加効果は，AA遺伝子型値からaa遺伝子型値を差し引いて求めることができる．

相関関係（相関）‥そうかんかんけい
　一方の変数が変化すると，他方の変数も変化するとき，両者の間に相関関係があるという．一方の変数が増加するに伴いもう一方の変数も増加するとき，正の相関があるという．また，一方の変数が増加すると他方の変数が減少するとき，両者の間には，負の相関があるという．

相関係数‥そうかんけいすう
　二つの変数（XとY）の間の相関関係を示す指数．両変数に関するn対の観測値があるとき，相関計数は，$r = \Sigma_i (X_i - Xm)(Y_i - Ym)/\sqrt{\Sigma_i(X_i-Xm)^2 \Sigma_i(Y_i-Ym)^2}$

となる．すなわち，XとYの偏差積和をXとYの偏差平方和の幾何平均で割ったものである．相関係数は$-1～1$の間で変化し，$-1 \leq r < 0$のとき負の相関，$r = 0$のとき，無相関，$0 < r \leq 1$のとき，正の相関という．

相関図‥‥そうかんず

二つの変数の間の関係を表すために，一方の変数をX軸に，他方の変数をY軸に目盛り，1組（対）の変数を2次元平面上の点としてプロットして，両変数の相関関係を示す．

相互作用‥‥そうごさよう

二つ以上の処理（あるいは因子）の間の働き合いの効果をいい，交互作用ともいう．たとえば，窒素肥料（N）とリン酸肥料（P）の施肥効果を調べる実験において，リン酸肥料の効果が窒素肥料の施用によって変化すること．NP, N, P, O（無肥料）の4区を設ける実験では，窒素とリン酸の主効果は，それぞれ$NP + N - P - O = (NP + N) - (P + O)$と$NP - N + P - O = (NP + P) - (N + O)$で求められるのに対して，相互作用の効果は，$NP - N - P + O = (NP - O) - (N - O) - (P - O)$となる．この式からわかるとおり，NPの両方を与えたときの効果から，NあるいはPを単独で与えたときの効果を差し引いたのが相互作用効果である．

相対頻度‥‥そうたいひんど

データを階級分けし，各階級に含まれるデータ数を頻度という．これらの頻度を全データ数で割ったのが相対頻度である．相対頻度は，0～1の間の実数で表示したり，それを100倍して%で表したりする．

相対頻度分布図‥‥そうたいひんどぶんぷず

横軸に階級（代表）値，縦軸に相対頻度を目盛って，作られる棒グラフ状の図をいう．各階級値と対応する相対頻度を乗じて加え合わせた積和は，1（%表示のときは100%）となる．相対頻度分布の階級値を限りなく細かくし，標本数を無限に増やすと，究極的には連続的な確率分布となる．

多因子実験‥‥たいんしじっけん

多数（三つ以上）の因子（処理）をとりあげ，各因子（処理）内に複数の水準を設け，因子（処理）・水準のすべての組み合わせを実施する実験．

多元配置実験‥‥たげんはいちじっけん

3種類以上の処理と各処理に複数の水準を設けて行う実験．処理×水準の数が多くなるため，反復のとりかたに工夫が必要である．処理の種類が多くなると，二次以上の相互作用の自由度が急速に増大する．高次の相互作用は，生物学的な意味や解釈が難しくなるので，高次の相互作用分散は，誤差分散に編入されることが多い．

多重比較（ダンカン）検定‥‥たじゅうひかく（だんかん）けんてい

三つ以上の平均値間の差異の統計的検定法の一つ．ダンカン検定ともいう．二つの平均値間差異の有意性の検定には，標準誤差s_{Xm}と有意性水準αにおけるt値（t_α）との積である最小有意差（LSD）が用いられる．しかし，三つ以上の平均値の比較にLSDを用いると，評価があまくな

～用語解説～

り過ぎて，実際には有意差が存在しないのに，「有意差あり」と判定してしまう危険がある．そこで，Duncan (1952) の提案により，t 値に相当するいわゆるダンカン係数（SSR 係数）を標準誤差に乗じた LSR（最小有意範囲）を用いた平均値間差異の有意性検定が，現在では広く行われている．

ダンカン係数（SSR 係数）‥だんかんけいすう

三つ以上の標本平均値の間の有意差の検定のために，Duncan (1952) が提案した指数で，ステユデント化有意範囲（SSR）とも名付けられている．二つの平均値の差の検定に用いられる最小有意差（LSD）に相当する係数として，SSR に標準誤差を乗じた最小有意範囲（LSR）を用いることを提案している．現在では，三つ以上の平均値を有意性を調べる多重比較検定には，LSD ではなく，LSR が広く利用されている．

直交配列（要因）実験‥ちょっこうはいれつ（よういん）じっけん

すべての処理（または因子）が互いに独立に作用するように，直交配列表を使って処理（因子）・水準を割り付ける実験計画．直交配列実験は，要因実験とも呼ばれ，全部の処理の主効果とともに，全次数の相互作用効果が分離できる最も効率のよい実験計画と言える．反復や繰返しを設けない場合でも，二次以上の高次相互作用の分散を誤差分散として，主効果や一次相互作用効果の有意性を検定することができる．また，処理（因子）の種類の多い場合，直交配列表の高次相互作用項に主効果を割り付ける部分実施（不完全実施）とすることもできる．n 種類の処理（因子）ごとに 2 水準を設定する 2^n 型直交配列実験がよく利用され，3 種類以上の多数の処理（因子）の主効果，処理間の相互作用効果の有無を調べるのに便利な実験計画である．また，処理ごとに 3 水準を設定する 3^n 型直交配列実験では，3 種類以下の少数の処理の主効果の現れ方，処理による観測データの変化の様子を調べるのに重点がおかれる．

直交配列表‥ちょっこうはいれつひょう

n 次元の互いに直角に交わる n 個の直交ベクトルを配列して作られる表．直交配列実験（要因実験）において，処理（因子）の主効果やそれらの間の相互作用効果に関わる自由度 1 を各直交ベクトルに割付け，それぞれの処理（因子）の主効果や処理間の相互作用効果を評価し，それらの効果に対応する平方和（自由度 1 の場合分散に同じ）を分割することができる．

直交ベクトル‥ちょっこうべくとる

二つのベクトルの間の角度が 90 度で直角に交わるベクトルをいう．二つのベクトルの対応する要素をかけ合わせて加えた値（内積）が 0 になるとき，両ベクトルは直交する．

t 検定（Student の t 検定）‥てーけんてい

統計的検定の一つ．異なる母集団から抽出された無作為標本の平均値の差の検定などに用いられる．異なる母集団から無作為に抽出される n 個の標本の観測値とそれから求められる平均値（Xm_1 と Xm_2）ならびに分散（s_1^2 ならびに s_2^2）を用いて

平均値の差を標準化した値 $t_c = (Xm_1 - Xm_2)/\sqrt{(s_1^2 + s_2^2)}$ を有意水準 α, 自由度 $n-1$ の t 分布表の値 t_a と比較して, 標本平均値の差の統計的検定を行うことができる.

t 分布‥てーぶんぷ

Student の t 分布とも呼ばれ, 標本データを標準化した値 $(X - Xm)/s$ は, 自由度 $n-1$ の t 分布をする. 正規分布: $N(\mu, \sigma^2)$ する確率変数を標準化した変数 $Z = (X - \mu)/\sigma$ が標準正規分布: $N(0, 1)$ をするのに対応して, 正規分布: $N(Xm, s^2)$ する標本変数を標準化した変数 $t = (X - Xm)/s$ は, 自由度 $n-1$ (n は標本数) の t 分布をする. 標本数が無限大の t 分布は, 標準正規分布となる. 母平均の区間推定や標本平均値の差の統計的検定によく用いられる確率分布である.

点推定‥てんすいてい

母平均などの母数を標本平均などの統計量から直接一意的に推定すること.

統計的検定‥とうけいてきけんてい

科学的な調査や実験において, 変化をもたらす処理の効果や因子の影響があるか否かを客観的に評価するのに統計的検定が行われる. 統計的検定では, 処理や因子による平均値の差異やばらつき(分散)を実験誤差によって生ずる標準誤差や誤差分散と比較して, ある一定の確率で前者が後者よりも大きいか否かを検定する.

統計量‥とうけいりょう

標本のデータから計算で求められる標本平均や標本分散などのこと. 統計学では, 実験・観察・調査などにより得られるデータは, 無限あるいはそれに近い多数の要素からなる仮想的に母集団から無作為にとりだされる標本の観測値とみる. そして, 標本データから計算で求められる平均や分散などの統計量を用いて, 母集団の特性値としての母平均や母分散などの母数を推定することになっている.

独立変数‥どくりつへんすう

因果関係のある変数の間で, 原因となる変数をいい, 原因変数ともいう. 一つの独立変数と結果となる従属変数との関係は, 単回帰式で表される. これに対して, 複数の独立変数と従属変数のと関係を表すのが重回帰式である.

内積‥ないせき

二つのベクトルの対応要素をかけあわせて加えた積和をいう. 内積が 0 となるベクトルは, 直交ベクトルと呼ばれ, 両ベクトルの角度が 90 度であり, 互いに直角に交わる.

二元配置実験‥にげんはいちじっけん

2種類の異なる処理(因子)を組み合わせて行う実験. 処理間の相互作用の効果を評価する場合には, 反復あるいは繰返しを設けて, 誤差分散を分離する必要があるが, 主効果だけを評価すればよい場合には, 反復や繰返しを設定しなくても, 相互作用分散を誤差分散として活用できる. 二元配置実験で得られるデータは二重分類データと名付けられる.

二項分布‥にこうぶんぷ

ベルヌイ試行による確率変数などの従う代表的な離散的確率分布の一つ. 硬貨投げにおける表と裏のように2種類のどちらか一方しか起こらない試行で, 一方

~用語解説~

が起こる確率をpとすると，もう一方の起こる確率は $1-p$ である．$1-p=q$ とすると，二項式 $(p+q)^n$ を展開すると，二項分布が得られる．

2次曲線効果‥にじきょくせんこうか
観測データの値を曲線的に変化させる処理水準の効果をいう．処理水準の変化の範囲内に最大値または最小値が現れる．3^n 型直交配列実験における処理の主効果の一つ．

二次誤差‥にじごさ
分割区法実験において，大区画内の小区画に割り付けられる処理（因子）の検定に用いる誤差で，大区画ごとの小区画とブロック（反復）との相互作用をプールしたもの．

二重分類データ‥にじゅうぶんるいでーた
二元配置実験などで得られるデータの形式で，行と列の両方向にデータが分類でき，行と列の合計や平均が意味をもつ．

反復‥はんぷく
科学実験や調査において，誤差による変動（誤差分散）を評価するために，実験・調査の全体や全処理セットを繰り返すこと．反復には，時期を変えて行う時間的反復と，場所や実験者を変えて行う空間的反復とが考えられる．

表現型‥ひょうげんがた
植物などの表す形質（形や性質）の表面に現れた様子．たとえば，花の色や形，草丈や子実数，果実や塊茎の重さなど．これらの形質の特性値を表現型値という．

標準化‥ひょうじゅんか
データ値と平均との偏差を標準偏差で割ることによる変換．平均からの偏差を標準偏差の倍数で表した数値とも言え，測定単位に関係しない無名数である．正規分布する変数 X を母平均と母標準偏差を用いて標準化した変数 $Z=(X-\mu)/\sigma$ は，標準正規分布をする．また，変数 X を標本平均と標本標準偏差をもちいて標準化した変数 $t=(X-Xm)/s$ は，Student の t 分布をする．

標準誤差‥ひょうじゅんごさ
標本平均値の標準偏差をいう．標本データの分散 s^2 を標本数 n で割った値の平方根，あるいは，標本標準偏差を $\sqrt{n}$ で割って求めることができる．数式としては，$\sqrt{s^2/n}$ あるいは $s/\sqrt{n}$ となる．

標準正規分布‥ひょうじゅんせいきぶんぷ
母平均が0で，母分散が1の正規分布．正規分布：$N(\mu, \sigma^2)$ をする変数を標準化した変数 $Z=(X-\mu)/\sigma$ は，標準正規分布をする．標準正規分布は，$N(0, 1)$ と書き表されることもある．

標準偏差‥ひょうじゅんへんさ
変数や観測データのばらつきの度合いを表す指数．母集団の分布の裾野の広がり，すなわち，母平均と分布曲線の変曲点との距離が母標準偏差であり，標本分散の平方根が標本標準偏差となる．標本の標準偏差は，$\sqrt{\Sigma_i(X_i-Xm)^2/(n-1)}$ で計算される．

標本（サンプル）‥ひょうほん
統計学では，調査や実験により得られるデータを無限に大きな母集団から無作為に取り出された標本の観測値と考える．そして，標本データから平均値や分散な

どの統計量を計算して，母集団を特徴付ける母平均や母分散などの母数を推定する．

頻度‥ひんど

観測データを階級（範囲）わけして分類する際に，各階級に入れられるデータの数をいう．

頻度分布図（ヒストグラム）‥ひんどぶんぷず

1変量データを分類して整理するために，データをいくつかの階級（範囲）に分け，各階級に属するデータの数を頻度として，横軸に階級を目盛り，縦軸に階級ごとの頻度を棒グラフ状に描いた図．ヒストグラムともいう．

部分実施（不完全実施）‥ぶぶんじっし

直交配列実験において，処理と水準のすべての組合せを作らないで，一部の処理・水準の組合せで実験を行うこと．部分実施では，一部の相互作用の効果を評価できなくなる．生物学的な意味が不明確，あるいは，農業上の重要性が少ない高次の相互作用などの効果の評価に使われるべき直交ベクトルを，ほかの主効果に割りふり，その評価に利用する．

分割区法実験‥ぶんかつくほうじっけん

大区画にしか割り付けられない種類の処理があったり，大区画に割り付けた処理の中に小区画としてほかの種類の処理を割り付けた方がよい場合などに，大区画の中に小区画を配置する分割区法が用いられる．大区画に割り当てる処理を一次因子，大区画内の小区画に割り当てる処理を二次因子という．たとえば，イネの灌漑法や施肥法を変えて，品種の反応を調べる実験では，灌漑法や施肥法を一次因子として大区画に，品種を二次因子として小区画に割り付けて分割区法で実験を組むのが効果的である．

分散‥ぶんさん

母集団に固有の分布の広がりの程度を表す特性値（母分散）．また，母集団からランダムに抽出される標本のデータから計算される平均値からの偏差平方和を自由度（標本数がnの時，n－1）で割って計算される統計量（標本分散）．

分散分析‥ぶんさんぶんせき

自由度と偏差平方和を要因別に分割して分散を計算し，特定の処理（因子）による分散を誤差分散と対比して統計的検定を行い，処理による分散の有意性を調べる統計的分析法．

不偏推定値‥ふへんすいていち

統計学において，母集団の母数（母平均や母分散）を標本データから計算される統計量（標本平均や標本分散）により推定する場合，標本数を多くすれば，母数に限りなく近づく推定値をいう．確率分布の中心と広がりをあらわす統計量はいくつかあるが，標本データから計算される平均と分散が，母平均と母分散の最良の不偏推定値となる．

平方和‥へいほうわ

データを2乗して加え合わせた値．数式では，$\Sigma_i X_i^2$で表される．

平均‥へいきん

母集団の分布の中心的傾向を示す特性値（母数あるいはパラメータ）を母平均といい，その母集団から無作為に抽出され

~用語解説~

る標本データから計算される中心的傾向を示す統計量を標本平均という．標本平均は，$\Sigma_i X_i / n$（nは標本数）で計算され，標本数を大きくすると限りなく母平均に近づく不偏推定値となる．

平均偏差平方和‥へいきんへんさへいほうわ

偏差平方和を自由度で割った値．分散と同義語．

変異係数（変動係数）‥へんいけいすう

標本データの標準偏差を平均値で割った値，またはそれを100倍して％で表示する．変動係数ともいう．測定単位に関わらない無名数となるので，単位の違う測定値や平均値に大きな差異のある標本などの比較に便利である．

偏差積和‥へんさせきわ

標本ごとの1対の変数（XとY）の観測値とのそれぞれの変数の平均値との偏差の積を加え合わせた値で，二つの変数の間の関係を表す統計量．$\Sigma_i (X_i - Xm)(Y_i - Ym)$となる．相関計数や回帰係数を求める式の分子となる．

偏差平方和‥へんさへいほうわ

個々の変数値から平均値を引いた偏差値を2乗して加え合わせたもの．式としては，$\Sigma_i (X_i - Xm)^2$となる．偏差平方和を自由度で割ると分散となる．

変量模型‥へんりょうもけい

実験に用いられる処理（因子）の水準が不特定多数の集合の中から無作為に抽出されたと考え，特定の水準間の比較ではなく，水準の効果のばらつきの程度（分散の大きさ）を問題とする場合に有効なモデル．このモデルで引き出される結論は，実験材料の範囲にとどめず一般化できる．

ベクトル‥べくとる

大きさだけをもつ数量をスカラーというのに対して，大きさと方向をもつ数量をベクトルという．スカラーは実数などの一つの数値として表され，直線上の点の集合とみなされる．これに対して，ベクトルは，2次元平面上や3次元以上の空間上の点の集合と見なすことができる．たとえば，3次元ベクトルは，三つの実数の組として表示され，3次元空間上の点とみることができる．また，原点からこの空間上の点にいたる矢印として表すこともできる．矢印の長さがベクトルの大きさを表し，X，Y，Zの三つの直交軸との角度がベクトルの方向を示す．行ベクトルは，要素を横に配列し，また，列ベクトルは，要素を縦に配列して表示する．

ベルヌーイ試行‥べるぬいしこう

2種類の事象（事柄や現象）のうち，いずれか一方だけが起こることをベルヌイ事象という．ベルヌイ事象を起こさせたり，観察したりすることをいう．たとえば，硬貨を投げにおける表と裏，容器からランダムに取り出される碁石の黒と白，動物集団の雌と雄，イネの雑種集団における糯と粳など．

補正項‥ほせいこう

偏差平方和を計算する際に，データの平方和から差し引かれる項．合計の2乗を標本数nで割ると得られる．数式では，$(\Sigma_i X_i)^2 / n$となる．

本実験‥ほんじっけん

最も有効な処理（因子）と水準を明らか

にするために，十分な観測数をとり，反復あるいは繰返しを設けて実験の精度を高め，現実に存在する有意差をできるかぎり検出できるようにする本格的実験．適切な実験計画を立て，的確な統計分析を行い，統計的検定に基づく推論を行う．

母集団‥ぼしゅうだん

統計理論の展開の元となる無限に大きな仮想集団．統計学では，実験や調査によって得られるデータは，母集団から無作為に取り出される標本の観測値と考える．そして，標本のデータから，母集団の特性値（母数，パラメータ）を推定する．

母数（パラメータ）‥ぼすう

母集団の分布を特徴づけている母平均や母分散などの特性値をいう．

母数模型‥ぼすうもけい

処理（または因子）の水準の比較を目的として，特定の水準だけを取り上げる実験モデル．データの構造模型で処理の効果をあらわす項を常数（母数）と考える．したがって，このモデルで解析される結論は，広く一般化して適用せずに，実験に用いた材料の範囲に留められる．

ポアソン分布‥ぽあそんぶんぷ

離散的確率分布の一つ．二項分布の変形で，2種類の事象のうち，一方の事象の起こる確率 p が非常に小さく標本数が大きいとき，ポアソン分布となる．

ポリジーン（微働遺伝子）‥ぽりじーん（びどういでんし）

微働遺伝子ともいう．連続的に変異する量的形質を支配していて，個々の遺伝子の作用は小さく，環境の影響も受けやすいため，ポリジーンの作用を個別にとらえることは困難である．農作物の形質では，収量，品質，環境耐性など，ポリジーン支配とみられる量的形質が多い．ポリジーン支配の量的形質の評価や改良は，いろいろな統計的手法を駆使して行われる．たとえば，作物の改良には，遺伝変異と環境変異を区別して評価する統計遺伝学的な方法が用いられる．また，開発される新品種の特性を調べるためにも，統計的手法が不可欠である．

無作為（ランダム）‥むさくい（らんだむ）

無作為（ランダム）とは，ことさらに手をくわえず，意識的な選択をしないことあるいはデタラメな状態を言う．統計解析では，無作為性がいろいろな面で重要になる．統計調査においては，無作為な標本抽出が不可欠である．無作為に取り出された標本でなければ，標本データから引き出される結果を，もとの母集団に当てはめることができない．また，実験計画においては，試験区を無作為に配列したり配置したりしないと，系統誤差（無作為でないことに伴う誤差）が発生して，実験の精度が低下する．標本を無作為に抽出することを無作為（ランダム）抽出といい，試験区を無作為に配列したりすることを無作為（ランダム）化という．

有意水準‥ゆういすいじゅん

統計検定において帰無仮説を棄却または容認したとき，過ちを侵す確率．実際の統計検定では，有意水準を5％あるいは1％に設定する慣わしになっている．有意水準5％で出された判断は，95％の信頼

~用語解説~

度があり，1％水準で得られた判断は，99％の信頼度があると言える．これらの判断が間違っている確率（危険率）がそれぞれ5％あるいは1％であるとみることもできる．

有意差・・ゆういさ

統計的に意味のある差異．一般に統計学では，実験による処理の効果や環境因子の影響によって生ずる観測値の差異や変動（分散）を実験誤差による差異や変動（分散）と対比して，前者が後者よりも統計的に明らかに（有意に）大きいと判定されるときに，処理や因子によって，統計的に意味のある差異（有意差）が生じたと判断する．

優性効果・・ゆうせいこうか

特定の遺伝子座において，両ホモ接合体（AA と aa）の遺伝子型値の平均 $\{中間親値，(X_{AA} + X_{aa})/2\}$ からのヘテロ接合体（Aa）の遺伝子型値（X_{Aa}）の偏差 $X_{Aa} - (X_{AA} + X_{aa})/2$ で，優性の程度を表す．$X_{Aa} = (X_{AA} + X_{aa})/2$ のとき，無優性，$X_{Aa} > (X_{AA} + X_{aa})/2$ のとき部分優性，$X_{Aa} = X_{AA}$ のとき完全優性，$X_{Aa} > X_{AA}$ のとき超優性という．

予備実験・・よびじっけん

どのような処理や因子が観測データの変化に影響を与えるかを大まかに知るために実施する予備的実験．予備実験では，処理や因子の種類を多くして，処理・因子内には，2水準を設定して，効果のある処理・因子を知ることが重要である．反復や繰返しを設けないか，最小限度にとどめることが多い．

乱塊法・・らんかいほう

全処理（因子）・水準のセットをいくつかの空間的または時間的ブロックに分けて反復する実験計画．この実験計画では，ブロック間の実験環境の差異に基づく分散を分離することができ，また，処理（因子）とブロックの相互作用による分散を誤差分散とすることができる．広い圃場を使って行う作物品種の比較試験などに広く活用される．乱塊法実験で得られるデータは，二重分類形式となる．

乱数表・・らんすうひょう

いかなる傾向もなく，0～9の整数値を無作為（ランダム）に配列した数表．標本の無作為抽出や試験区の無作為配列などに利用される．

量的因子・・りょうてきいんし

水準を連続的に変化させて設定できる因子または処理．たとえば，温度，灌水量，施肥量，農薬散布量など．

量的形質・・りょうてきけいしつ

果実の目方，草丈，生育期間などのように重さ，長さ，時間など連続的な数量で計測される形質．一般に，量的形質は，多数の作用の小さいポリジーン（微動遺伝子）に支配され，連続的に変異する．形や色などの質的形質に比べ，環境要因の影響を受けやすく，個々のポリジーンの遺伝的解析が困難である．このため，量的形質の解析には，統計遺伝学的手法が用いられる．また，作物の改良の対象となり，農業上重要な収量，品質，環境耐性などの多くの形質が連続的に変異する量的形質である．

索　引

あ行

1因子実験 ……………………………… 63
一元配置実験 ………………………… 76
一次因子 ……………………… 120,122
一次回帰式 …………………… 49〜51
一次誤差 …………………………… 122
一次直線効果 ………………… 142〜145
一重分類データ ……………………… 77
因子（処理） ………………………… 62
SSR（ダンカン）係数 ……………… 38
F検定 …………………………… 40,41,81
F分布 …………… 31,78,87,102,117,122
LSD（最小有意差） ………………… 34
LSR（最小有意範囲） …………… 38〜39

か行

回帰係数 ……………………… 49〜51
回帰式 ……………………………… 52
回帰直線 …………………………… 51
階級値 ……………………………… 5
χ^2検定 ……………………… 42〜43
χ^2分布 ………………………… 30
確率 ………………………………… 24
確率分布（確率密度関数） ………… 25
確率変数 …………………………… 25
確率密度関数（確率分布） ………… 25
完全実施 …………………… 131,140
完全任意配列法 …………………… 103
外挿予測 …………………………… 52
幾何平均 ……………………… 48,53
帰無仮説 …………………………… 32
共分散 ……………………………… 47
共分散分析 …………………… 65,108

局所管理 …………………………… 73
区間推定 …………………………… 34
繰返し ………………………… 69,100
偶然誤差 …………………………… 66
グリッド方式 ……………………… 83
経験的確率 ………………………… 24
系統誤差 …………………………… 66
誤差分散 …………………… 40〜41

さ行

最小2乗法 ………………………… 49
最小有意差（LSD） ………………… 34
最小有意範囲（LSR） ………… 38〜39
三元配置実験 …………………… 114
散布図 ……………………………… 8,46
質的因子 …………………………… 63
主効果 ……………………………… 74
処理（因子） ………………………… 62
実験計画 …………………………… 59
実験誤差 ……………………… 64〜66
実験精度 …………………………… 66
実験単位 ……………………… 64〜65
重回帰式 …………………………… 55
重相関 ……………………………… 48
重相関係数 ………………………… 55
従属変数 …………………………… 49
順列 ………………………………… 24
自由度 ‥17,77,89,102,116,121,135,143
水準 ………………………………… 62
スカラー …………………………… 149
正規分布 …………………………… 27
正規母集団 ………………………… 20
相関関係 …………………………… 45

相関係数·················45〜49
相関図·······················46
相互作用················74,92
相対頻度·····················6〜7
相対頻度分布図···············6

【た行】

多因子実験·····················63
多重比較（ダンカン）検定··············38
直交配列（要因）実験···········129,140
直交配列表················130,142
直交ベクトル···············130,142
t 検定·······················35
t 分布··················29〜30
点推定·······················34
統計量·······················10
独立変数·····················49

【な行】

内積························151
内挿予測·····················52
2因子························63
2因子実験················63,99
二元配置実験···················86
二項分布··················25〜26
二次因子················120,122
二次曲線効果············142〜145
二次誤差·····················122
二重分類データ·········88〜89,101

【は行】

反復·····················69,100
パラメータ（母数）···············10
ヒストグラム（頻度分布図）···········4
標準化·······················33
標準誤差·····················20
標準正規分布···················27
標準偏差·····················19

標本（サンプル）···············2
標本分散·····················17
標本平均·····················17
頻度··························4
頻度分布図（ヒストグラム）·········4
不偏推定値···················10
部分（不完全）実施········129,140
分割区法実験·················120
分散·························17
分散分析·············78,89,102,
　　　　　　117〜119,122,135,143
平均·························13
平均偏差平方和················18
変異係数·····················21
偏差積和·····················47
偏差平方和················17〜18
変動係数·····················20
変量模型·····················93
ベクトル·················130,149
ベルヌーイ試行················26
補正項·······················18
本実験·······················61
母集団························8
母数（パラメータ）···············10
母数模型·····················93
母分散···················8〜10
母平均···················8〜10
ポアソン分布··················26

【ま・や・ら行】

モデル············77,89,102,116,121
無作為（ランダム）············11,71
有意水準·····················33
予備実験·····················61
乱塊法·······················65
乱塊法実験···················99

乱数表	12,72	量的因子	63
ランダム（無作為）化	71	理論的確率	24

JCLS	〈㈱日本著作出版権管理システム委託出版物〉

2002	2002年3月12日　第1版発行
生物統計解析と実験計画 著者との申し合せにより検印省略	著作者　藤巻 宏 (ふじまき ひろし)
	発行者　株式会社　養賢堂 代表者　及川　清
©著作権所有	印刷者　株式会社　三秀舎 責任者　山岸真純
本体 3000円	
発行所　株式会社 養賢堂	〒113-0033 東京都文京区本郷5丁目30番15号 TEL 東京(03)3814-0911　振替00120 FAX 東京(03)3812-2615　7-25700 URL http://www.yokendo.com/

ISBN4-8425-0094-8 C3061

PRINTED IN JAPAN　　　　製本所　板倉製本印刷株式会社

本書の無断複写は、著作権法上での例外を除き、禁じられています。本書は、㈱日本著作出版権管理システム (JCLS) への委託出版物です。本書を複写される場合は、そのつど㈱日本著作出版権管理システム (電話03-3817-5670、FAX03-3815-8199) の許諾を得てください。